여성,
과학의 중심에 서다

여성,
과학의 중심에 서다

여성과학자들이 말하는 나의 길, 나의 과학

한국여성과학기술단체총연합회 편저

YANG 양문 MOON

바로 여기에 21세기 여성을 위한 역할모델이 있다

지식이 산업사회의 자본을 대체하고 있는 지금의 키워드를 흔히 '과학기술'과 '여성'이라고 합니다. 남성들이 주도하던 사회에서 감성, 소통, 섬세함 등의 '여성성'이 새로운 경쟁력으로 떠오르면서 정치 · 경제 · 사회 · 문화 등 각 분야에서 새바람을 불러일으키고 있습니다. 언론들은 최근 미국의 여성 앵커 케이티 쿠릭이 10년 이상 저녁뉴스에서 꼴찌를 면치 못하던 CBS의 시청률을 단숨에 1위로 끌어올린 것도 여성 특유의 감성과 친화력에 기인한다고 지적하고 있습니다.

객관적 학문인 과학기술 분야에서도 여성의 시각과 관점, 그리고 관심에 의해 과학기술의 대상범위가 넓어지고 새로운 방법이 도입되는 등 여성이 과학발달에 크게 기여할 것이라는 기대가 커지면서 여성과학자들의 역할이 그 어느 때보다 주목받고 있습니다. 그러나 우리나라에서 활동하는 여성과학자는 전체의 12퍼센트 수준으로 미국과 유럽 같은 과학 선진국에 비해 여전히 적은 수입니다.

과학기술 발전이 지식기반 사회를 이끌어나가고 있는 이때에 우리는 우수한 청소년들을 과학기술 분야로 이끄는 데 어려움을 겪고 있습니다. 이와 같은 환경은 여성이 과학기술 분야로 진출하기에 좋은 기회지만 그동안은 여학생들을 위한 여성과학자 역할모델이 턱없이 부족했습니다.

여성과학자들의 네트워킹을 통해서 정보 교환과 리더십을 증진하고, 여성과학자의 역량을 강화하여 과학기술 발전에 주도적으로 기여할 목적으로 설립된 한국여성과학기술단체총연합회는 여성과학자 역할모델을 가시화하기 위해 여성과학자들의 이야기를 담은 책을 기획하게 되었습니다. 이미 지난 2005년 9월, 61인의 여성과학자 이야기를 담은 《여성, 과학을 만나다》가 출간된 이후 많은 관심과 격려가 있었습니다. 이 책은 현재 한국 여성과학자의 비공식 데이터베이스와 인명사전 격으로 활용되고 있으며, 많은 여학생들에게 꿈과 희망을 심어주고 있습니다. 이러한 반향에 힘입어 보다 구체적인 과학자의 면모를 전달할 《여성, 과학의 중심에 서다》를 출간하게 되었습니다.

이 책에서 24인의 여성과학자들은 '나에게 있어 과학이란 무엇인가?' 라는 주제를 가지고 현재 자신들이 하는 과학 이야기와 에피소드, 연구과정에서의 실패와 성공담, 연구에서 무엇을 어떻게 했는지를 진솔하게 전달하고 있습니다. 또한 자신들의 연구 분야에서 과학의 미래에 대한 전망과 예측도 내놓고 있습니다. 독자 여러분이 이 책을 통해 아직도 척박한 땅에서 소수로 활동하고 있는 여성과학자의 꿈과 보람, 도전과 열정을 생생하게 경험하고, 미래를 꿈꾸는 길잡이로 삼으시길 소망합니다.

귀한 시간을 내어 자신의 과학과 삶을 글로 써주신 동료 과학자들께 깊은 감사를 드립니다. 또 이 글들을 모아서 아름다운 책으로 만들어주신 (주)양문 가족 여러분께도 진심으로 감사의 말씀을 전합니다.

2006년 10월 30일
한국여성과학기술단체총연합회 | 회장 이 혜 숙

차례

강영희
Kang Young-Hee

한림대학교 식품영양학과 교수

진주여고를 나와서 서울대학교 가정대학 식품영양학과를 졸업하고 1981년 여름 미국 유학을 떠났다. 뉴저지 주립대학교인 럿거스대학교에서 박사학위를 받고, 미국 국방부 산하 의과대학에서 박사후연구원을 지낸 후 거의 10년간의 미국생활을 접고 1990년 한국으로 돌아와 지금까지 한림대학교 식품영양학과 교수로 재직하고 있다. 미국 드렉셀대학교에서 석사과정을 마친 후, 필라델피아의 폭스 체이스 암센터에서 연구원을 지냈다. 럿거스대학교에서 박사과정을 하는 동안 뉴욕에 있는 알베르트 아인슈타인 병원에서 연구원을 겸임하면서 학생연수생으로 연구하였다. 1995년 여름에는 독일연구재단의 후원으로 독일 뮌헨대학교 의과대학 임상연구소에서 1년간 연구 활동을 하였다. 한림대학교 일송논문상을 수상하였고, 2004년에는 한국과학재단 우수성과 30선을 수상하였다. 현재 한국영양학회 영문학술지 편집장을 맡고 있으며, 한림대학교 영양연구소 소장과 Brain Korea 21 핵심팀장을 맡고 있다. 운동이라면 조금씩은 다하는 편이지만, 특히 스킨스쿠버와 검도 등 역동적인 운동을 좋아하며 거의 매일 새벽 테니스를 치고 있다.

나는 지금도 과학을 꿈꾸고 있다

춘천에서 교수로서의 삶을 시작한 지도 어언 20년이 다되어 간다. 이제는 한림대학에 처음 부임하였을 때의 풋풋함은 많이 퇴색했지만 1980년대에 신설된 학교가 발전한 세월만큼 나 자신도 연륜이 쌓였다고 볼 수 있겠다. 학생들을 가르치는 교육현장에서의 긴장감은 여전하지만 가끔은 세월이 주는 여유도 느끼게 된다.

나는 과학을 하는 사람이다. 가끔 학교 밖에서 누군가에게 '과학을 하는 사람'이라고 나를 소개할 때면 왠지 모를 희열 같은 것이 느껴진다. 이러한 감정은 과학자라고 하면 에디슨이나 아인슈타인 같은 세계적인 과학자를 떠올리면서 막연한 자기도취나 만족감에 빠졌던 어린 시절의 감정의 연속이 아닌가 한다.

그렇다고 과학이라는 것이 오락게임처럼 항상 흥미진진한 것은 아니다. 과학을 하며 강산이 두세 번 바뀌는 세월을 보낸 지금, 나에게 있어서 연구를 한다는 것은 흥미보다는 희로애락을 함께

한 익숙한 생활의 일부분처럼 느껴진다. 어느 날 유난히 연구결과 가 잘 나왔거나, 연구논문이 학술지에 실렸다는 소박한 소식에 하 루가 기분 좋아지는 그러한 생활처럼 말이다.

과학의 문턱에서

대학 4년 동안 나름대로 유학 준비를 했지만, 1981년 시작된 미국 에서의 대학원 생활은 결코 쉽지 않았다. 늘고 말하는 일상생활의 스트레스로 석사 2년간은 학교 생활과 과학을 어떻게 하였는지 거 의 기억이 나지 않을 정도다. 지금과 달리 외국 나들이가 많지 않 았던 시절이라 미국 생활은 여러 가지로 적응이 어려웠다.

　석사과정을 마친 후 연수과정(practical training)의 기회로 필 라델피아에 있는 폭스 체이스(Fox Chase) 암센터에서 1년 10개월 을 지내는 동안에야 비로소 미국에서의 삶이 어느 정도 익숙해져 서, 여행도 다니고 음악회도 갈 정도의 여유가 생겼다. 암센터에 서의 연구원 시절은 과학에 대한 안목을 훨씬 성숙시키고, 박사학 위에 대한 유학 목표를 다시금 상기시키는 계기가 되었다. 그러한 상황에서 시작된 박사과정은 훨씬 수월했으며, 지금 내가 하고 있 는 연구 생활의 출발점이 되었다.

　박사과정을 시작한 지 3개월쯤 되어 정식으로 지도교수를 정 해야 할 무렵, 심장순환생리학을 전공한 생리학과 소속이면서 영 양학과 겸임교수로 있던 교수의 실험실을 방문하게 되었다. 마침 실험대 위에서는 온갖 전기장치가 연결되어 심박동하고 있는 개의 심장으로 관상순환 연구실험이 이루어지고 있었다. 눈앞에 펼쳐진 그 황홀한 광경에 나는 주저 없이 이 연구 분야를 선택했고, 그 교수를 지도교수로 하여 박사학위 연구논문을 준비했다. 심장이 박동한다는 진리를 직접 눈으로 확인한 후, 살아 움직인다는 생명이라는 단어를 상기하면서 영양학을 접목한 영양생리학을 전공하게 된 것이다.

그후 1990년 한림대학교에 부임하여 식품영양학과 영양생리학 실험실을 운영하면서, 학부 학생을 비롯한 대학원생들과 과학이란 끈으로 맺어져 과학의 희로애락을 나누며 과학의 지식을 공유하고 있다.

과학이라는 도전

내 실험실에서 석박사 학위과정에 있는 대부분의 대학원생은 대학 2, 3학년 때 연구과정 연구보조원으로 참여하면서 나와 인연을 맺게 된다. 현재 3, 4학년이 연구보조원으로 일하고 있는데, 조금씩 대학원 진학의 꿈도 가지는 것 같다. 실험실 생활을 시작하는 많은 학생들은 과학에 대한 뚜렷한 장래의 꿈이 있어서가 아니라 호기심 반으로 '그냥' 시작한다. 수업시간에 학생들에게 "뭐해서 먹고 살 것인가"를 물어보면 별 대답이 없다. 요즈음은 너무 할 것이 많아서 그러는 것인지 정치적으로나 경제적으로 어려운 시절에 대학을 다닌 나로서는 참으로 이해가 되지 않는 대목이다.

나는 어릴 때의 꿈이었다고 할 수 있는 치과의사를 포기한 후 대학 시절 내내 과학을 하는 교수가 되겠다는 생각이 확고했고, 대학을 졸업하면서 바로 유학을 떠났다. 사실 '과학'이라는 의미도 확실하게 이해하지 못했지만 말이다. 자식이 많으셨던 어머니는 "공부를 해서 머고 사는 것이 이 세상에서 가장 편하다"고 말씀하시곤 했지만, 당시의 나는 편하기만 한 삶보다는 도전적인 삶을 원했던 것 같다. 과학을 하는 것은 '도전'이기 때문이다.

따라서 내 실험실 학생들이 대학 시절 연구보조원으로 시작해 과학에 대한 의욕을 갖게 되고, 대학원에 진학해 과학자로서 변화되어 가는 모습을 지켜보는 것은 참으로 큰 보람이다. 나는 학생들에게 열정을 얘기하면서 대학원 시절 처음으로 동물 심장적출 실험을 했을 때의 공포영화를 본 것 같은 경험을 전하기도 하고, 한겨울 6시 이후에 과학을 한답시고 겁도 없이 필라델피아 지하철을 타고 다녔던 무용담을 들려주기도 한다.

무엇보다 내가 강조하는 점은 과학을 하는 것 자체에 흥미를 느끼는 것이 가장 먼저라는 것이다. 오락게임이 아닌 이상, 과학을 한다는 자체에 재미를 느끼지 않는다면, 과학을 하고 연구결과를 발표하는 열정은 생길 수 없고 목적의식도 발동할 수 없다. 어디선가 '과학은 재미다(Science is fun)'라는 문구를 본 적이 있다. 그런데 처음부터 과학자를 꿈꾸어온 것도 아닌 대학 3, 4년생에게 과학에 대한 재미를 느끼게 하는 것은 어려운 일이다.

나는 미국에서의 대학원 시절에 처음으로 큰 연합학술회의에 참석하였을 때의 분위기를 기억한다. 그래서 대체로 1년에 한 번씩은 대학원생을 비롯한 학부 학생들을 외국의 국제학술회의에 참석시킨다. 조그마한 경험이지만 과학을 하고자 하는 꿈을 갖게 하고, 막연히 두렵기만 한 과학에 대해 자신감도 갖게 하려는 바람에서다. 이러한 경험을 갖게 하는 것은 내 나름대로 학생들을 지도하는 방식으로 지금까지 과학도를 양성하는 데 어느 정도 기여했다고 생각한다.

돌이켜보면 나는 큰 유혹에 이끌려 자진해서 유학을 갔고 힘든 시간을 보냈지만, 연구를 하고 과학을 하는 것에는 꾀부리지 않고 '성공'이라는 단어 앞에서 꽤나 열심이었다. 대중교통을 두 번이나 갈아타고 출퇴근했던 폭스 체이스 암센터 연구원 생활이나, 박사과정 동안 경력을 쌓으려는 욕심에 일주일에 세 번 뉴욕 브롱스로 다니면서 연구하던 시절, 그리고 국방부 의과대학의 박사후 연구원 생활에서 나는 과학을 위하여 많은 열정을 쏟아부으면서 젊은 시절을 보냈다.

과학을 하는 것은 번득이는 발명이라기보다는 지루한 반복 작업일 수도 있기 때문에 열정이 없다면 할 수 없다. 나는 가끔 실험실 생활을 하는 학부학생들에게 "실험실에 오는 것이 즐겁냐?"고 물어본다. 만약 눈치 보느라 어쩔 수 없이 실험실에 나온다면 솔직하게 "그만두라"고 한다. 그렇지 않으면 결국 성공할 수 없는 과학을 하게 될 것이기 때문이다. 다행스럽게도 나는 과학에 대한 열정이 있었고 욕심도 만만찮았다. 유학 시절의 그러한 열정이 지금의 나를 있게 해주었다고 생각한다. 미국 학술회의에서 가끔 내 박사 지도교수를 만나면 그는 내가 훌륭한 학생이었다고 말하곤 한다.

한 우물을 파는 재미

한국에 돌아온 후 5, 6년간은 박사과정과 박사후연구원 시절에 습득한 연구테크닉을 활용하여 레트나 기니아픽 동물의 관상순환 및 심장기능 실험을 수행하였다. 특히 생명력을 잃어버린 식품소재와 체내 대사물질을 이용하여 영양생리학적 관점에서 효능실험을 수행하였다. 대단한 연구 장비와 설비는 갖추지 못했지만 이러한 연구수행 과정을 통해 영양생리학과 관련된 과학을 몸소 체험하면서 미흡하지만 여건이 허락하는 한국식 맞춤형 연구실험실을 갖추게 되었다.

1996~1997년에는 독일 뮌헨대학교 의과대학 임상연구소에서 1년간 혈관성 세포를 이용한 연구 활동을 하면서 터득한 테크닉으로 분자영양학의 새로운 과학에 도전하였다. 또한 얼마 전부터 혈행개선에 대한 소재의 전임상실험의 생리활성 효능을 규명하기 위하여 동물실험을 재개하고 있다. 동물 심장실험과 혈관성 세포실험은 혈관순환계의 시스템에서 같은 연구영역에 속한다고 볼 수 있으므로 지금까지 한 연구 분야에서 같은 우물을 파고 있는

셈이다.

흔히 현대병이라고 하는 고혈압과 동맥경화증은 혈관성 질환이고, 대사증후군이나 당뇨합병증 등도 혈관성 질환으로 귀결되는데 우리는 이러한 혈관성 질환에 쉽게 노출될 수 있다. 평균수명이 늘어나고 건강수명을 염려하는 요즘 우리 사회에는 한바탕 웰빙 바람이 지나가고 있다. 영양생리활성 효능을 검증하는 내 실험실도 이러한 웰빙 바람과 무관하지 않다. 우리는 대사증후군과 당뇨합병증 퇴치를 목표로, 분자영양학 테크닉을 활용하여 혈관성 질환에 있어 생리활성 효능을 가진 자연식물의 식품 소재 및 생약 소재인 천연식물 소재를 개발하고, 억제기작 연구에 많은 시간을 할애하고 있다. 유기농 식품을 선호하고 자연식품에 훨씬 호감을 가지는 현대인들에게 천연식물 소재의 생리활성 효능은 언론 매체를 통하여 필터링 과정 없이 무책임하게 전달되고 있다. 식품 영양학을 연구하는 과학자로서는 '과학'적 근거 없이 범람하고 있는 건강기능식품을 염려스러운 시선으로 바라볼 수밖에 없다.

내 연구 분야는 실생활의 먹을거리를 다루고 있고, 생리적인 효능을 연구하여 '질환퇴치'라는 궁극적인 목표를 실현하고자 하는 것이므로 나로 하여금 과학을 하는 확고한 목적의식을 갖게 한다. 평균수명이 증가하여 조만간 고령화 사회를 넘어 고령사회로 진입할 우리 시대는 건강수명을 올릴 수 있는 방책을 마련하여야 한다. 많은 사람이 건강에 대해 염려하여 이를 유지하려는 노력이 웰빙 바람으로 확산되고 있으며, 노인인구의 증가로 실버산업이 발전할 것으로 전망되고 있다.

내가 하는 과학인 '퇴행성 심혈관질환의 발병을 중심으로 억제효능을 가진 천연식물 소재 개발'은 과학이 산업화와 연계될 수 있는 지식산업으로서 미래지향적인 학문이라고 볼 수 있다. 최고의 명약이라 불리는 아스피린도 인공으로 합성한 신약이 아니다. 아스피린은 버드나무에서 추출한 성분으로 만든 천연신약이며, 세계적으로 통용되는 항암제 택솔(Taxsol)도 천연신약으로서 미국 국립암언구소가 주목나무에서 찾아낸 항암성분이다. 식물소재에서 새로운 무엇을 찾아내고 규명하는 것이 내가 말하는 과학이며, 나는 지금도 한 우물을 파고 있다.

과학윤리에 직면하여

최근 과학윤리 문제가 언론매체를 통하여 많이 회자되고 있다. '나는 과학윤리는 무엇인가?' 나는 '과학은 정직이다'라고 대답하게 될 것 같다. 학술지 게재를 위하여 연구결과를 분석할 때면 가끔 유혹이 생긴다. 과학을 위해 세워놓은 가설에 따라 분명하고 깨끗한 연구결과가 얻어졌을 때는 별 상관이 없다. 하지만 그렇지 못할 때는 어긋난 데이터를 삭제하거나 약간 기교를 부려서 수정하고자 하는 그릇된 욕심이 생기기도 한다. 실제로 과학을 하는 많은 사람은 업적과 성과를 올려야 하는 여러 상황에 직면하게 된다. 나에게는 학생을 가르치는 교수라는 타이틀이 이러한 상황에서 강력한 안전장치로 작용한다. 과학을 하기 위하여 가설을 세우고, 연구계획을 짜서 실험하는 일련의 과정을 함께한 학생들이 결국 나를 정직한 과학자가 되게 하는 것 같다. '과학윤리는 의미심장한 말로 들리지만 과학을 위한 도덕적 규범인 정직이며 과학자의 바른 생활이다' 라고 말하고 싶다.

과학을 꿈꾸며

과학을 한 지도 무수한 시간이 지났다. 가끔은 언제까지 과학을 하고 싶어질까 궁금할 때가 있다. 지금까지도 나는 과학을 하는 내 재미와 과학자를 꿈꾸는 학생들을 지도하면서 하루하루를 열심히 전력투구하고 있다. 이제는 더 이상 유학 시절의 열정으로 도전적인 목표를 향한 꿈을 꾸지는 않는다. 그 대신 현재 하고 있는 과학에 대한 흥미를 놓치지 않도록 지속적으로 자신에게 마법을 걸어 좋은 연구를 하는 것이 나의 꿈이라고 믿는다. 끊임없이 새로운 테크닉을 이용한 과학을 시도하면서……. 나는 지금도 과학을 하고 있다.

김 계 령
Kim Kye-Ryung

한국원자력연구소 양성자기반공학기술개발사업단
빔이용 및 장치응용팀장

1988년 경북대학교 전자공학과를 졸업하고 동대학원에서 1998년 〈플라즈
마 이온온도 측정을 위한 중성입자검출장치의 제작 및 그 특성〉의 논문으로
박사학위를 받았으며, 같은 해부터 1999년까지 한국원자력연구소에서 박사
후연구원 과정을 거친 후 2000년 1월 선임연구원으로 입소하였다. 현재 한
국원자력연구소 양성자기반공학기술개발사업단의 빔이용 및 장치응용팀장을
맡고 있다.

선택은 언제나 자신의 몫

겁 없이 선택한 공대

1965년 대구에서 1남2녀 중 장녀로 태어난 나는 오빠와 여동생, 인자하신 부모님과 할머니와 함께 아버지의 지방 근무 때문에 상주에 살았던 몇 년을 제외하곤 대구를 떠난 적 없이 대구토박이로 살아왔다. 특별히 배를 곯거나 금전적인 문제 때문에 힘들었던 기억은 없지만 그렇다고 아주 풍족한 집안 살림은 아니었다.

　어머니는 알뜰함이 몸에 배인 분이셔서, 언제나 좀 못생기거나 벌레 먹어 상품가치가 없는 과일들을 사다 먹었고, 아침 일찍 시장에 들러 운반 중에 겉껍질이 깨어져 정상 가격의 3분의 2 정도에 불과하던 불량(?) 계란을 사오시곤 했다. 이제는 우리 삶의 수준이 예전에 비해 많이 나아져 잘 생긴 과일들을 마음껏 먹곤 하지만, 예전의 경험으로 인해 나는 벌레 먹은 과일이 모양 좋은 과

일에 비해 훨씬 당도가 높고 맛있다는 것을 알고 있다. 어머니의 그런 절약정신은 지금도 변함이 없다. 그런 어머니를 존경하지만 자신에게는 언제나 인색하신 그분의 한평생을 생각하면 마음이 아프다.

아버지는 매우 가정적인 분으로 자식들을 위해서는 어떠한 일도 마다하지 않으셨다. 그래서 우리는 군만두와 자장면 등 그리 비싸지 않은 음식들을 먹기 위해 자주 외식을 할 수 있었다. 자식들의 입학식, 졸업식, 운동회 등에 빠짐없이 참석해 끈끈한 부정을 과시하셨던 아버지는 지금도 나의 든든한 의지처가 되어주고 계신다.

넉넉지 못한 형편에서도 교육에 대한 어머니의 열의가 대단하셔서 나는 유치원을 다니는 대신 남들보다 1년 먼저 학교에 들어갔다. 부모님의 그런 관심이, 유달리 암기를 싫어했던 내가 공부보다는 친구 사귀기에 재미를 들여 공부를 등한시했던 고등학교 시절에도 항상 국어, 영어, 수학에서는 상위권 성적을 유지할 수 있도록 한 밑거름이 아니었나 싶다.

어린 시절부터 난 여자아이들과 인형놀이 등을 하는 것 못지않게 남자아이들과 병정놀이, 구슬치기 등의 놀이를 즐겼다. 그런 성향 덕분에 1984년 대학의 학과를 선택할 때도, 당시에는 남자들의 전용 분야로 인식되던 공과대학 전자공학과를 겁 없이 선택했던 것 같다. 부모님께서는 여자는 '이러저러해야 한다'고 하시기보다는 나 자체만을 바라보셨다. 물론 그런 부모님께서도 나의 공과대학 입학을 전적으로 찬성한 것은 아니었다. 대부분의 우리나라 부모들의 희망처럼 이왕이면 약대나 의대에 진학하기를 원하셨지만 난 내 희망대로 학과를 선택하고 공과대학 여학생으로서 대학 생활을 시작했다.

대학 시설 나는 유별난 노트 필기 실력 덕분에 시험 기간만 되면 언제나 노트 복사해주기에 바빴다. 꼼꼼히 노트 정리하기를 좋아했던 나는 아직도 메모를 무척 즐긴다. 아는 분들은 아시겠지만 공과대학에서의 여학생은 별종일 뿐만 아니라 언제나 소수집단에 해당한다. 그래서 남학생들보다 좀더 치열하게 공부하고, 별스런 공대 여학생의 품위(?)를 유지하려 애썼던 것 같다.

약이 된 첫 직장 생활

경북대학 공과대 전자공학과 졸업을 앞둔 1988년 1월 나는 공채를 거쳐 현대전자에 입사했다. 일부 대기업에서 여대생만을 대상으로 별도의 공채가 있었을 만큼 남녀에 대한 엄연한 차별이 있던 당시, 남녀 구분 없이 동등한 기회를 부여해 직원을 채용하던 현대전자를 선택한 것은 일종의 오기이기도 했다. 왜 현대전자를 선택했느냐는 면접관의 질문에 유일하게 동등한 기회를 부여하는 회사이기 때문이라고 답했던 기억이 난다.

입사 후 연구에 대한 막연한 기대를 안고, 대학 때 전공한 반도체 분야에서의 연구를 목표로 반도체기술연구소를 선택해 근무를 시작하였다. 하지만 1년 남짓 일을 하면서 느낀 것은 학벌에 대한 차별과 전문 지식의 부족이었다. 내가 소속된 팀에서 유일한 학사 출신 연구원이었던 나에게 주어진 일과 대우는 내가 대학원 진학을 마음먹은 결정적 계기가 되었다.

이후 난 틈틈이 대학원 입학시험을 준비해, 1989년 3월 동기들보다 1년 늦게 경북대학 대학원에 입학하였다. 대학을 졸업할 때에도 대학원을 고려하지 않은 것은 아니었지만 대학원에서의 공부보다는 국내 내기업에서의 멋진 사회생활을 꿈꾸며 회사입사를 선택했었다. 결과적으로 내가 생각하던 것과 다른 세상을 실감하게 되었지만 짧은 직장생활 경험은 나에게 약이 되었다.

미래에 대한 뚜렷한 보장 없이 시작된 대학원 생활

대학원을 입학할 때 연구실 선택에 고심하던 내게 학부시절 지도 교수님이셨던 이용현 교수님은 아무것도 보장해줄 수 없다는 말씀부터 먼저 하셨다. 많은 여자 제자들이 결혼 등의 이유로 사회생활을 포기하고 평범한 가정주부로 살아가는 걸 지켜보며 실망도 하고, 아직까지 사회가 여성 전문인력을 받아들일 준비가 되어 있지 않다고 생각하셨던 것 같다. 교수님은 졸업 후에 솥뚜껑(?) 운전을 하더라도 석사답게 좀더 잘할 수 있지 않겠냐는 농담 섞인 위로 속에 지나친 기대를 버리는 걸 먼저 가르치셨다.

하지만 난 석사졸업도 하기 전인 1990년 9월, 학과 내에 과학재단의 ERC 중 하나로 문을 열게 된 센서기술연구센터의 조교 생활로 두번째 사회생활을 시작했다. 연구센터에 근무한 3년 남짓한 기간 동안 난 참으로 많은 것들을 경험할 수 있었다. 개소하자마자 입소한 탓에 일반 사무원 한 명 외에 유일한 인력이었던 나는 혼자서 보고서 발간업무, 회계, 일반행정, 국제학술대회 개최, 연구과제 평가 등 많은 종류의 업무를 처리해야만 했다. 지금 남들보다 행정의 흐름이나 행사 기획 등에서 남다른 재주를 보이는 것도 아마 그때 배웠던 많은 실무경험들 때문일 것이다. 연구센터 근무 마지막 시기에는 센서학회 창립부터 논문집 발간 업무까지 담당하게 되어, 연구소나 학회와 관련된 거의 모든 업무를 섭렵하는 계기가 되었다.

석사학위 논문은 당시 새로운 게이트 박막 물질로 기대를 모으고 있던 반도체 열적 질산화막의 제조 및 특성에 관한 것이었는데, 특성 평가를 위해서는 박막 제조부터 소자 제조까지를 직접 해야만 했다. 새벽에 홀로 공정 Fab.에 들어가 장비를 켜면서 시작해 밤늦게까지 혼자서 실험하며 석사학위 논문을 썼다. 대학 연구비 지원 규모가 지금과는 비교가 되지 않을 만큼 미미했기 때문에, 실험을 위해선 필수적이지만 국내에서 쉽사리 구할 수 없었던 반도체 공정 관련 시약들과 실리콘 웨이퍼들을 구하고, 고가의 분석장비를 이용해 제작된 반도체 소자의 특성을 분석하는 등의 어려움은 반도체 회사에 근무하는 선배들의 도움을 받아가며 해결할 수 있었다.

경북대학 전자공학과가 국내에서 유일하게 반도체 공정 Fab.을 보유하고 있었던 것은 나처럼 반도체 공정 개발에 대한 연구를 수행하던 대학원생들에게 큰 행운이었다. 실제 전 공정을 직접 경험함으로써 교과서 공부만을 통해 얻을 수 없던 모든 공정에 대한 이해를 얻을 수 있었다. 간혹 실험실에서 화학약품이나 시약, 가스 누설이 발생하는 경우, 대학원생들은 모두 건물 중앙 홀에 소집되어 선배들로부터 정신교육을 받아야 했다. 결코 혼자만의 노력으로 유지될 수 없는 실험실 운영부터 폭발성과 독성 등의 위험을 가진 갖가지 시약 다루기, 미세한 공정 장비의 이용에 이르기까지 많은 것을 두루 경험하면서 함께 일하는 방법과 반도체 전 공정을 다룰 수 있는 능력을 취득한 좋은 기회였다.

박사과정 중 물리학과의 만남

석사를 졸업하고 연구센터 조교로서의 역할에 충실하며 바쁜 하루하루를 보내던 1991년 겨울, 난 박사과정 진학을 결심하게 되었다. 주변의 선후배들이 박사학위를 취득하는 걸 보면서 가슴 속에 잠시 숨겨두었던 공부에 대한 욕심이 다시 살아났기 때문이다. 하지만 1992년 봄 입학해 연구센터 조교 생활과 교과과정을 함께 해나가던 즈음에, 난 아주 개인적인 이유로 시련을 겪었다. 그로 인해 연구실 생활이 어려워져 고민하던 내게 새로운 길을 열어준 분이 나의 박사과정 공동 지도교수인 물리학과 강동희 교수님이셨다. 그분은 지금까지도 내가 가장 본받고 싶은 연구자이며 진심으로 존경하는 스승이다.

센서기술연구센터의 연구본부장으로 만난 강동희 교수님은 첫 인상부터 깔끔함과 날카로움이 배어나는 분이었다. 사물에 대한 예리한 분석력과 깊은 이해는 물리학에 대해 토론하거나 연구 수행상의 문제점에 대해 상의드릴 때 한껏 발휘되는 것 같았다. 교수님의 지시에 따라 연구과제 운영, 센터 평가 등의 업무를 수행하면서 행정업무의 또 다른 면을 배우게 되었다. 공적인 일을 수행할 때 가장 중요한 것은 사적인 욕심을 버려야 한다는 것과 자신이 하고자 하는 일을 성공적으로 완수하기 위해서는 최선을 다해 준비하고 또 준비해야 한다는 것이었다. 그 가르침을 따라 살려고 애를 쓰지만 언제나 난 아직도 한참 부족하다는 것만 절감한다.

물리학과 전자공학은 일정 부분 공통점이 있지만 기초와 응용이라는 큰 차이점을 가지고 있기도 하다. 물리학과에서의 여러 경험을 통해 나는 물리학이 모든 학문의 근간임을 알게 되었고, 가능하다면 물리학을 전공한 후 응용 분야인 반도체공학 등을 전공하는 것이 튼튼한 기초 위에 보기 좋은 기와집을 짓는 것과 같은 가장 좋은 학문 방법이라고 생각하게 되었다. 나는 정반대의 길을 걸어왔지만 그나마 전자공학과 물리학을 함께 할 수 있었다는 것만으로도 대단한 행운이었다.

방사선과학연구소에서 원전 주변 환경방사능 조사

1993년 봄, 나는 물리학과 방사선물리연구실로 자리를 옮겼다. 센서기술연구센터의 조교 생활도 마감하고 학업에만 전념하던 시기에 난 참 많은 고민을 했다. 늘 다니던 학과가 아니고 선후배도 없이 새로 시작하는 연구실 생활이 그리 녹록지만은 않았던 탓에 몸보다는 마음이 적잖은 고생을 했다. 더욱이 이전 조교 시절의 경험을 인정하신 강 교수님께서 연구실의 모든 행정적 업무와 연구비 관리 등의 업무를 맡기셨기 때문에 선배나 후배로부터 약간의 시기어린 눈총도 받아야만 했다.

어쨌거나 주어진 일에 언제나 충실하려 애썼던 덕분에, 연구실의 주된 업무 중 하나였던 원전 주변 환경방사능 조사 용역의 현장대리인(한전 측과 업무협의 등을 총괄하는 창구 같은 역할)을 담당하였다. 방사선 측정에 따른 여러 가지 실무부터 매년 각 원전 별로 2회의 주민설명회, 보고서 작성과 제출 등의 업무를 수행하면서 자연스레 지역 주민들과 만나는 기회와 시간이 많아졌다. 그러면서 주민들의 불신과 불안감에 대해서도 관심을 기울였다. 수년이 지나는 동안 지역 주민들과 교수님 사이에 서서히 신뢰관계가 형성되는 걸 보면서 올바른 결과로 정직하게 대하면 언젠가는 서로 인정하는 날이 온다는 것도 알게 되었다.

실험실에서는 보다 정확한 결과를 도출하기 위한 끊임없는 노력이 계속되었고, 세월과 함께 분석대상 핵종과 분석장비들도 늘

어갔다. 그 덕분에 거의 모든 핵종에 대한 분석이 가능한 시스템이 갖추어져, 국내에서 가장 독보적인 방사선 분석 관련 연구기관이 될 수 있었다. 하지만 박사학위 취득 후 환경방사능측정 분야와의 직접적인 인연은 더 이상 이어지지 않았다.

원자력연구소에서의 박사후연구원 시절

IMF의 여파가 국내 모든 취업시장을 얼어붙게 만들었던 1998년 8월에 난 박사학위를 취득했다. 박사학위 논문의 주제는 토카막 플라즈마(Tokamak Plasma)에 대해 연구하던 기초과학지원연구원과 한국원자력연구소로부터 위탁받아 수행했던 토카막 플라즈마 내 이온온도 측정 장치 개발이었다. 이 논문은 각각 다른 형태의 두 개의 장치를 개발하여 두 기관의 플라즈마 발생장치에 부착해 실험을 해서 얻어진 결과를 바탕으로 작성되었는데, 이 장치는 국내에서 처음으로 제작된 것이기도 했다. 연구비 규모가 좀더 풍족했다면 더 좋은 장치를 만들 수 있었겠지만, 제한된 예산 때문에 다중채널보다는 단일채널 검출기를 활용해야 했고, 형태도 가장 단순한 전장형을 선택해야만 했다.

이것은 당시 원자력연구소에서 추진 중이던 KT-2와 기초과학지원연구원의 한빛 플라즈마 장치에서의 플라즈마 이온온도 측정을 위한 장치로 개발되었고, 이후 KT-1 장치와 한빛 장치에 설치되어 실험되었다. 장치 개발에 있어 가장 중요한 것은 특성 조사와 교정이다. 이를 위해 한국원자력연구소로부터 저에너지 가속장치를 들여왔는데, 그것은 당초 고밀도 중성자빔 발생을 위해 만들어진 장치로 내가 가속기와 인연을 맺게 된 것이 바로 이때다.

그때의 과제 수행이 계기가 되어 1998년 9월 한국원자력연구소 핵물리공학팀에 박사후연구원으로 오게 되었다. 그때는 핵물리공학팀의 일부가 새로 만든 실험실로 이사한 무렵이었는데, 난 새 실험실에서 연구 생활을 시작했다. 새 건물의 난방시설이 제대로 가동되지 않아 겨울 내내 시린 손을 녹여가며 금속으로 만들어진 이온원 장치들과 씨름하면서 실험하던 기억이 난다. 워낙 추위에 약해서 수년 동안 입지 않았던 내복을 꺼내어 입고도 그 겨울이 길게만 느껴졌다.

나중에 제작된 진공함은 높이 4미터, 폭 3미터, 길이 5미터에 이를 만큼 큰 것이었는데, 그 위에 올라가 장치들을 설치하다보면 바닥 면까지가 무척 아득하게 보여 덜컥 겁이 나기도 했다. 당시 과제책임자는 내게 남자직원과 함께 일하라고 권했다. 여자인 내가 높은 곳에 올라가 수백 킬로그램 이상의 큰 플랜지들을 붙이고 떼어내고 하는 게 영 미덥지 않았던 모양이었는데, 어쩌면 과제책임자 입장에서는 최소한의 배려였을 그 제안이 내겐 차별처럼 느껴져 선뜻 받아들여지지 않았다.

그렇게 1년 남짓 KSTAR(Korea Superconducting Tokamak Advanced Research, 차세대 초전도핵융합연구장치) 토카막 플라즈마 가열을 위한 중성입자가열장치(NBI: Neutral Beam Injector) 개

발 과제에서 일을 하던 중 한국원자력연구소 공채가 시작되었고 다행히 나에게도 기회가 주어졌다. 마지막까지 쟁쟁한 경쟁자들과의 경합을 거쳐 합격이 결정되던 날, 참 많이 기뻤다. 박사과정 동안 실험 때문에 오고가며 꿈꾸었던 연구소에 드디어 내가 입소하게 된 것이다. 2000년 1월 1일, 전 세계 모든 사람이 축복하던 밀레니엄과 함께 정식 연구원으로서의 생활이 시작되었다.

양성자빔 이용 시설 개발

박사후연구원 시절을 포함한 내 연구소 생활에서 가장 큰 전환점이 되었던 것이 바로 양성자기반공학기술개발사업의 착수였다. 내가 입소하고 1~2년 후부터 이 사업에 대한 과학기술부 지원을 얻어내기 위한 노력이 시작되었고, 난 그 기획 작업에 팀원으로 참여하였다. 첫번째 선정에서는 아쉽게 탈락했지만, 1년 뒤 다시 치러진 두번째 선정과정에서 프론티어 연구개발 사업 중 하나로 선정되었다. 프론티어 사업의 성격에 맞는 예산 규모의 배정 때문에 당초 목표보다는 규모가 많이 축소되었지만 2012년까지 100MeV 양성자가속기 개발을 목표로 시작된 10년간의 대규모 프로젝트였다.

선정이 확정된 날 우리는 축하의 자리를 가졌는데, 그때 사업단장인 최병호 박사님은 "이제부터 행복 끝 불행 시작이다. 선정된 기쁨도 잠시, 우린 모두 앞으로 모든 일들을 추진해 나가기 위해 혼신의 노력을 기울여야 할 것이다. 그 과정은 무척이나 힘들고 고될 것이다"라고 말씀하셨다. 그로부터 4년이 지난 요즈음 특히 그 말씀을 절감하고 있다.

사업 초기에는 단순히 빔 이용시설 구축 및 운영 과제의 과제책임자로서, 이후 가속기 개발 시점에 맞추어 빔 이용시설을 구축하고 이를 이용해 이용자들에게 빔을 제공하는 것을 목표로 연구를 수행했다. 국내에 입자 빔 이용시설은 전무한 상태였고, 우리 사업단의 저에너지 빔 이용시설들도 1980년대부터 운영되기는 했지만 외부 의뢰 실험 수행보다는 내부 연구에 치중해온 터라 외부 이용자들을 만족시키는 실험을 수행하기 위해서는 나름대로 많은 준비가 필요했다. 처음에는 양성자빔 이용 기술 개발과제를 수행하는 연구자들을 위해 국내에 시험 이용시설을 구축하고, 또 국외 시설 이용에 관한 여러 가지 지원도 함께 수행했다. 여러 이용자들의 요구를 잘 반영하여 만족스러운 실험이 될 수 있도록 빔 조사 실험을 수행하고, 그 모든 과정을 데이터베이스화시켜 기록으로 남기는 등 이후 실험의 참고자료로 활용하기 위한 노력도 계속되고 있다.

2003년부터 사업단 내 조직이 구성되어 빔이용랩을 맡으면서 단지 빔이용 시설 구축만이 아니라 전반적인 빔이용 기술개발 분야에 대해 관심을 기울이지 않을 수 없게 되었다. 현재는 빔이용 및 장치응용팀이 되어 12명의 팀원이 여섯 대의 장치를 운영하고 있고 세 개 이상의 장치를 개발 중에 있다. 또한 여전히 빔이용 기술개발 및 산업화에도 많은 노력을 기울여 현재 13개 기업과 실증실험 등을 수행하고 있다. 제한된 인원으로 시설운영부터 기업체 상담, 실증실험까지 수행하다 보니 하루가 정신없이 지나가는 경우가 허다했다. 하지만 우리의 노력으로 기술이 상용화되어 기업의 이윤과 발전으로 이어지고, 기초과학 분야에서 우수한 성과들이 발표될 수 있다면 더 이상 바랄 것이 없을 것 같다.

미소 짓는 미래

2009년과 2011년이 되면 20MeV와 100MeV 양성자빔을 이용자들에게 공급하게 된다. 부지나 정부로부터의 예산 확보에 따른 문제만 없다면 계획대로 수행될 수 있는 일정들이다. 우리가 만든 장치에서 처음으로 빔이 나오게 되면 기분이 어떨까? 연구라는 과정은 사실 무척 길고 힘든 여정이다. 특히 나처럼 좀체 재주가 부족한 사람에게는 더더욱 그러하다. 하지만 우리 모두는 목표가 달성되는 그 순간의 희열을 위해 수년의 세월을 쏟아 붓고 있다. 아마도 맺고 끊는 부분 없이 연구는 계속 이어져 나가게 될 것이다. 하지만 그 다음 단계를 향해 걸음을 옮기면서 그 순간 걸어온 발자취들을 한번쯤 되짚어 보게 될 것이다. 그때 뒤돌아보며 환하게 미소 지을 수 있기를 바라본다.

김 금 순
Kim Keum-Soon

서울대학교 간호대학 교수

서울대학교 간호대학을 졸업하고 동대학원에서 간호학 석사와 박사학위를 취득했다. 서울대학병원에서 간호사로 근무한 후 조선대학교 간호학과를 거쳐 서울대학교 간호대학에서 기본간호학과 성인간호학을 가르치고 있다. 기본간호학회장과 한국재활간호학회회장을 역임했으며 현재 한국간호과학회회장으로 활동하고 있다. 주요 연구 영역은 간호학적 스트레스 관리로, 간호계에서 처음으로 바이오피드백 훈련을 이용한 스트레스 관리를 도입하여 다양한 대상자에게 적용하는 연구를 꾸준히 계속하고 있다. 지금까지 130여 편 이상의 논문을 발표했고, 저술도 20여 권을 넘어서고 있다.

간호는 과학이며 예술이다

자연과 동물과 역사 속에서 꿈을 키운 소녀

나는 대학에서 30년 동안 간호학을 가르치고 연구하다가 2006년
1월부터 우리나라 간호계를 대표하는 한국간호과학회 회장으로
활동하고 있다. 간호학을 시작하려고 고민하던 시절에는 상상도
못했던 일이었다.

고등학교 때는 역사에 관심이 많았고 성적도 좋았다. 역사선
생님께서 역사연대를 나에게 물어보실 정도로 암기력이 뛰어나
주위 사람들은 내가 역사학 공부를 계속하지 않을까 생각했지만
나는 역사보다는 실생활에 유용한 실용학문을 해야겠다는 의지가
강했다.

사실 고교 시절 연속 2회 과학전람회에 출품을 하면서 과학자
가 되고 싶다는 포부를 키워왔는지도 모른다. 생물선생님을 따라

다니면서 내가 최초로 수행했던 콩바구미에 관한 연구는 영원히 잊지 못할 추억이 되었다. 수학여행을 가느라 흥분한 내가 콩바구미 연구를 위해 기르고 있던 흰 쥐들에게 3일간 먹이를 주지 않은 적이 있었다. 그 결과 서로 잡아먹는 동물들의 본능적 행위를 관찰할 수 있었으며, 그런 극한상황에 도달하면 인간은 어떻게 될까를 생각해보기도 하였다.

고등학교 3학년 때는 대학입시의 어려움도 뒤로 하고 내장산에 살고 있는 식물을 조사하러 다니면서 굴거리 나무 군락지가 있다는 것을 알게 되었다. 무더운 여름날, 신문지를 양손 가득 들고 내장산을 오르내리면서 새로운 식물을 발견할 때는 나도 모르게 감탄사를 연발했다. 새로운 식물을 발견했다는 뿌듯함으로 말 못할 희열에 휩싸여 이름 모를 식물들을 조심스럽게 채취해 표본을 만들곤 했는데, 그 결과 우리 학교가 과학전람회에서 장려상을 받았다. 그때 어린 여고생에게 학문의 길을 안내한 생물선생님은 내가 간호대학 교수가 될 수 있도록 기틀을 만들어주신 분이셨다.

고등학교를 졸업할 당시, 비록 학문의 길이 무엇인지 알지는 못했지만 신생학문이니 전망도 좋고 실생활에 유용할 것이라는 막연한 기대감으로 과감하게 간호학을 선택하여 서울로 왔다. 간호학을 배우면서 병원실습은 힘들기도 했지만 보람이 있었다. 당시 대부분의 사람들처럼 간호사는 그저 병원에만 근무하는 것으로 막연하게 생각했던 나는 간호사로서 평생 일하리라 생각하며 서울대학병원에서 근무하기 시작하였다. 내 손으로 이루어진 간호를 받고 병이 치유되어 퇴원하는 환자들을 보면 뿌듯했고, 점점 나빠지는 환자들을 보면 가슴이 저리고 마음이 아팠다. 병원에서 근무한 지 3년 정도가 지나 간호는 참 삶이고 여러 분야로 도약할 수 있는 복합학문임을 깨달았다. 그러자 이러한 것들을 고스란히 쏟을 수 있는 새로운 일에 대한 욕구와 열정이 내 안에서 꿈틀거렸다. 그리고 다시 시작된 간호학의 교육과 연구는 지금까지 내 삶의 중요한 일부가 되어 왔다.

간호학 탐구의 길

간호대학에서 조교로 일하면서부터 30여 년 동안 간호대학 교수로서 한길을 걸어왔다. 1980년 서울대학 간호대에 박사과정이 신설되었고, 나는 제2회로 이학박사 학위를 수여받았다. 이후 과학자로서 본격적인 간호학문의 길을 걷기 시작하였다.

박사학위 논문은 〈사전 간호정보 제공이 심도자 검사(cardiac catheterization)를 받는 환자의 스트레스 반응에 미치는 효과〉였다. 심근경색 환자들이 진단 과정으로 시행받는 심도자 검사는 위험성이 높아서 검사 전에 환자들은 불안을 느끼는데, 이 불안을 조절하지 않고 검사를 시행하면 검사 위험이 높아진다. 따라서 검사 전에 검사 과정에 대하여 자세한 설명을 제공함으로써 잘 대처하도록 준비시킬 수 있을 것이라는 가정 아래에서 시도한 실험연구였다.

간호학적 임상실험 연구는 동물을 대상으로 하는 실험연구와는 상이한 점들이 많다. 인간을 대상으로 하므로 연구 설계시 윤리적인 측면, 개인 특성에 따른 차이, 연구현장적인 측면 등 다각적인 요소들을 고려하여야 하며, 연구조건에 부합되는 연구대상자 선정과 엄격한 실험처치 등이 쉽지 않아 연구계획과 달리 연구기간이 길어지기도 한다. 여러 가지 어려운 점들이 있었지만 박사논문을 마치면서 나는 간호학 연구에 자신감이 생겼다. 그후 주로 간호중재 연구에 중점을 두고 다양한 간호학적 실험 연구를 시행하였다. 특히 한국의 사회문화적 특성을 살린 간호중재가 대상자들의 스트레스 관리방법으로 활용될 수 있는지를 규명하기 위하여 정보제공, 아로마테라피, 발반사 마사지, 운동 등의 간호중재 효과를 검증하는 연구를 시행하였다.

그러던 중 1992년 우연한 기회에 미국 워싱턴대학에서 있었던 바이오피드백(biofeedback)에 대한 워크숍에 참석하게 되었다. 그곳에서 바이오피드백 훈련방법과 프로그램 운영에 대한 구체적인 방법을 습득하여 처음으로 여대생들의 생리통 경감에 복식호흡 훈련을 시도하였는데 놀라운 효과를 나타냈다. 그후 간호대학생의 임상실습 스트레스, 암환자의 스트레스 관리, 뇌졸중 후 편마비 환자의 환측 운동, 그리고 노인 고혈압 관리 등에 바이오피드백을 활용하는 복식호흡 훈련을 적용하여 많은 긍정적인 효과를 얻었다. 이러한 지속적 연구들을 통해 나는 바이오피드백 훈련이 스트레스 관리에 매우 유용한 건강증진 기법임을 과학적으로 증명하였다. 이러한 연구는 나에게 한국간호과학회에서 수여하는 논문상을 2회 연속 수상하는 영광을 주었다.

환자의 건강회복을 위한 노력

최근 관심을 갖고 연구하는 분야는 뇌졸중 후 환자들의 삶의 질 향상을 위한 효과적인 방안을 개발하는 것이다. 이들은 편마비로 인한 기동성 장애, 언어 장애, 기억력 장애, 집중력 장애 등으로, 먹고 입고 움직이고 배설하는 인간으로서의 기본 생활이 흔들린다. 또한 이로 인해 고립되고 사회로부터 배척당하기도 한다.

나는 이러한 뇌졸중 후 환자들을 위해 지역사회 자조관리 프로그램을 개발하여 적용하고 있다. 프로그램은 일주일에 두 시간씩 총 5주 동안 뇌졸중의 위험요인 관리, 편마비를 위한 운동, 스트레스 관리, 영양문제, 뇌졸중의 이해 등을 주제로 이루어진다. 뇌졸중 환자들이 직접 참여하여 질환관리에 필수적인 문제들을 스스로 관리할 수 있는 능력을 함양하고, 뇌졸중 후 발생 가능한 심리적·신체적 갈등을 해소하고 장애를 수용하며 삶의 질 향상을 도모하고 있다.

21세기 젊은이들을 위한 제언

나는 간호학을 사랑한다. 학문의 정체성은 평생에 걸쳐 재정립되어 가는 것이다. 나에게 있어서 간호학도 무엇인지 모르던 학생 시절의 회의와 졸업 후 여러 과정을 통해 조금씩 변화되고 더 단단해졌다. 그리고 나는 내 선택이 탁월한 것이었다고 자부한다. 학문이나 일이나 가정에서 간호학은, 껍질을 벗겨도 항상 새로운 모습을 보이는 양파처럼 접할수록 새롭지만 동시에 오래된 장맛처럼 구수하고 유용한 학문임을 누구보다 잘 알고 있기 때문이다.

전 예일대 교수이자 현 동암문화연구소 이사장인 전혜성 씨는 21세기의 진정한 리더가 갖춰야 할 진정한 리더십(Authentic Leadership)을 다음과 같이 일곱 가지로 정리했다. 뚜렷한 목적과 열정을 가르쳐라(Purpose & Passion), 맡은 바를 충분히 다할 때 자기완성도 이룬다(Role Fulfillment & Self Actualization), 일생에 걸쳐 정체성을 재정립시켜라(Know your Diaspora self), 덕이 재주를 앞서야 한다(Virtues over skills), 창의적인 통합력이 아이를 살린다(Creative synchronism), 역사적이고 세계적인 안목과 시야를 길러라(Historical & Global worldview), 진실한 마음을 얻는 대인관계의 힘을 경험하게 하라(Relationship). 여러분이 이러한 모습의 진정한 리더를 꿈꾸는 사람이라면 간호학을 선택하라.

나는 세계와 인류에 대한 꿈과 비전을 품고 있는 많은 우수한 인재들이 간호학을 선택하길 희망한다. 간호학은 내가 열아홉 살 꿈 많던 시절에 막연히 선택했던 어렴풋한 모습의 간호학이 아니며, 무궁무진한 발전 잠재력을 지닌 세계적 학문임을 이제는 명확히 알기 때문이다. 또한 간호학은 가슴에는 인간과 인류와 세계에 대한 사랑과 열정을 품고, 나날이 놀랍게 발전하는 과학적 지식과 기술을 우리의 삶과 생활 속에서 구체적으로 실현시켜 나가야 하는 학문이기 때문이다.

간호는 직관과 생각만으로는 수행할 수 없고, 과학적 뒷받침을 토대로 하는 근거기반 접근방법을 사용해야 한다. 현재 국내 간호계에도 20여 개 대학에서 운영하는 박사과정을 통해 해마다 많은 학자들이 배출되어 활동하고 있다. 간호학 논문만을 출판하는 학술지도 20여 개가 넘어서고 있는데, 《대한간호학회지》는 한국의 간호학문을 대표하는 학술지로서 평가받고 있다.

간호학은 신체, 심리, 사회 및 영적 존재로서의 인간을 총체적으로 다루는 학문이다. 따라서 간호학을 연구하기 위해서는 기초 자연과학뿐 아니라 심리, 사회 등의 인문학, 그리고 인간의 감성을 풍부하게 하는 예술성의 조화가 이루어져야 한다. 흔히 '간호는 과학이며 예술이다'라고 정의한다. 예를 들어 기본적인 간호행위인 근육주사를 정확하게 수행하기 위해서는 인체 근육에 대한 과학적 근거지식이 있어야 하고, 간호주사 행위는 인간에 대한 이해가 기본이며, 주사 시 환자가 통증을 덜 느끼도록 하는 예술적 감각도 필요하기 때문이다.

간호를 알면 생활이 편리하고 안전하다. 그리고 간호를 알면 다양한 분야에서 전문가가 될 수 있는 기반을 갖출 수 있다. 간호학은 인간에 대한 총체적 이해를 바탕으로 실천하는 통합적 학문이기 때문이다. 이런 이유로 간호학 전공자가 심리학, 사회학, 의학, 통계학 등 다양한 학문 분야에서 박사 후 교수나 연구원이 되기도 하고, 방송인, 기자, 사업가, 보건관련 공무원 등 다양한 변신을 시도하기도 한다. 중요한 것은 간호를 선택하고 실천하는 사람들의 삶은 보람이 있고 행복하다는 것이다. 간호학을 시작하려는 젊은이가 있다면 이 점을 기억하고 전 생애를 간호에 투자해도 실패하지 않을 도전과 용기를 갖도록 권한다.

끝으로 간호학자이며 간호교육자로서, 그리고 간호학을 통해 배우게 된 성실성과 근면함은 누구에게도 뒤지지 않는다고 자부하면서, 내가 가장 좋아하는 '하늘은 스스로 돕는 자를 돕는다' 는 격언을 떠올려본다. 간호학에 대한 자부심을 가지고 스스로 더욱 노력할 때 또 다른 그 무엇들이 주어진다고 생각하며, 꿈을 가진 많은 젊은이들이 이를 선택하여 자신의 꿈과 미래를 개척해 가길 바란다.

김미숙
Kim Mi-Sook

원자력의학원 방사선종양학과 과장

1964년 대구에서 태어나 신명여고를 졸업하고, 1982년 서울대학교 의과대학 입학을 계기로 현재까지 서울 하늘 아래서 살고 있다. 1989년 본과를 졸업하고 서울대학병원에서 인턴과 레지던트 과정을 마친 후 방사선종양학 전문의 자격증을 취득하였으며, 1994년 원자력의학원에 부임하여 현재까지 근무하고 있다. 2000년 11월부터 2002년 8월까지 미국 UCLA병원에서 연수를 하였으며, 이후 선진 치료기기인 사이버나이프의 활용도를 높이고 기술 축적에 많은 노력을 기울였다. 그 결과 세계적인 치료 성과와 기술 축적으로 여러 차례 수상하였고, 외국의사를 포함한 전문가를 대상으로 세미나에서 발표한 바 있다. 현재 원자력의학원 방사선종양학과 과장을 수행하고 있으며, 동 분야에 대해 석사, 박사학위를 취득하였다. 남편과 고등학교, 초등학교에 다니는 아들 두 명이 있다.

치료와 과학의 틈새에서

생명과학의 최전선에 선 과학자

대부분의 사람들은 의사라는 직업에 대해 '과학을 한다' 거나 '의사는 과학자이다' 라고 생각하기보다는 의학기술을 가지고 환자를 치료하는 전문가로 생각할 것이다. 물론 의과대학 시절에는 아인슈타인 물리이론부터 생물, 생화학, 생리학 등 다양한 과학과목을 배운다. 하지만 일단 졸업 후 개업을 해서 환자를 치료하거나 종합병원에서 환자를 치료하다 보면, 학생 때 배운 지식과 환자를 통해 얻은 경험을 중심으로 치료를 하지, 새로운 실험이나 연구에는 아무래도 소홀할 수밖에 없다. 그래서 의사 스스로도 과학 또는 과학자와는 상관없이 살고 있다고 생각하게 된다.

그러나 실제로 의사가 환자를 제대로 진단하고 치료하기 위해서는, 증상을 보고 각종 검사를 시행하여 올바른 진단을 하고 이에 맞추어 치료를 하게 된다. 이러한 과정은 생명과학이 궁극적으로 추구하는 '인간 생명의 연장과 삶의 질 향상'을 위한 것으로, 의사는 생명과학의 최전선에서 무엇보다도 존귀한 생명을 다루는 응용 분야의 과학자라는 생각을 해본다.

평소에 의학 교과서에서 본 지식들과 실제 환자를 치료하면서 다른 점이라든가, 또는 환자의 치료 결과가 분명히 공통점은 있는데 검증된 바가 없을 때 이를 해결하고자 하는 일련의 모든 노력이 생명과학의 출발점이 될 수 있다. 환자를 보면서 경험적으로 겪는 많은 현상에 의문을 가지고, 이를 보다 객관적이고 재현 가능한 방법으로 해결하고자 하는 것이 의사로서 또한 과학도로서 가야 할 길이라고 믿고 있다.

방사선종양학 전문의로서 암과 맞서다

나는 방사선종양학 전문의로서 현대의학에서 가장 정복이 힘들다고 하는 암환자 치료를 주로 한다. 그런데 수술이나 항암제 같은 약물 치료가 아니라 방사선이라는 첨단기술을 이용하여 암환자를 치료하고 있다. 방사선종양학과란 쉽게 말하자면 방사선을 이용하여 암환자를 치료하는 분야다. 일반인에게 방사선종양학과를 설명하면, 방사선이라는 단어 때문인지 주로 병을 진단하는 진단방사선과의 업무와 도무지 구분을 못한다. 이 분야의 의사들은 대형기기를 이용하여 치료를 하여야 하는 만큼 대부분 대학병원 및 암 전문 종합병원에서 근무하고 있으며, 인원은 다른 과에 비해 매우 적은 편이지만 인류의 수명을 연장시키는 데 중요한 역할을 하고 있다고 생각하고 있다.

암은 인간이라는 생명체와 뗄 수 없는 관계를 가지고 있다. 우리는 사회의 악질 병리현상이나 보편적 가치로는 도저히 용납되지 않는 사람을 사회의 암적 존재라고 말한다. 어제까지도 멀쩡하던 사람에게 몸 안에 '암이 있다' 는 진단은 하루아침에 사형선고 같은 충격일 수밖에 없다. 가능한 암과 멀리하고 싶지만, 주위에서는 '지인이, 친척이, 친구가 암에 걸렸다' 는 소식이 수시로 들려온다. 몸 밖에 생기는 것이라면 어디라도 도망칠 수 있겠지만 암이란 우리 몸 안에 생기는 것인 만큼 도망치려야 칠 수도 없이 맞붙어 싸울 수밖에 없는 아주 끈질기고 고약한 존재다.

이러한 특성이나 생명에 미치는 중요도를 고려할 때, 암연구는 '생명과학 분야에서 많은 과학자들이 도전하는 가장 매력적인 분야' 의 하나임에 틀림없다. 어쩌면 생로병사의 비밀이 숨겨져 있을 수도 있다. 왜냐하면 암세포는 숙주 세포, 즉 인간이 죽을 때까지 죽지 않고 끊임없이 번식하는 불로의 생명체이기 때문이다. 물론 온전하지 않은 상태이긴 하지만 말이다.

무수한 암환자를 치료하고 극복하기 위해 내가 가지고 있는 무기는 일반 의사에게도 생소하고 일반인에게는 마냥 두렵기만 한 '방사선' 이라는 과학적 발견의 산물이다. 잘 알겠지만 퀴리 부인이 필생의 연구 대상으로 삼았던 방사선은 무수한 병의 진단과

치료뿐만 아니라 모든 분야에서 소중하게 이용되는 선물이 되었다. 그러나 정작 본인은 과다 방사선 노출로 인한 백혈병으로 생명을 잃고 말았다. 나는 이런 방사선을 사용하는 의사로서 일반 의사와는 조금 다르게 방사선의 물리적 성질과 방사선 생물 등을 공부하면서 연구나 과학에도 상당한 노력을 기울이며 살아가고 있다.

기다리는 지혜, 그리고 결과를 수용하는 태도

환자를 치료하다보면 경험적으로 풀리지 않는 많은 질문들과 마주서게 되곤 한다. 이에 대한 해답을 얻기 위해서는 과학적인 접근 방법, 즉 가설을 세우고 이의 결과를 검증하여 재현 가능하도록 체계화하는 것이 절대적으로 필요하다. 이런 과학적 탐구 과정은 참으로 힘든 일이며 지루한 일일 수도 있다. 그 과정에서 많은 좌절을 겪기도 한다. 나도 그런 좌절의 시기를 보낸 적이 있다.

2000년 가을부터 2002년 여름까지 환자를 치료하는 의사의 본업을 일시적으로 접고, 방사선 생물 관련 연구를 하기 위해 미국 UCLA병원에 2년간 머문 적이 있었다. 물론 이 분야는 방사선과 관련되어 있지만, 분자 생물과 관련된 순수 연구로 좀 생소한 편이었다. 그전까지 한국에서 수행했던 연구는 환자의 방사선 치료를 위해 실제적인 방법을 개발하는 것이 대부분이었다. 말하자면 기기를 이용하여 개선하고 보완하는 공학 쪽에 더 가까운 연구라고 할 수 있었다. 이런 과정에 참여하여 실험도 많이 하였고, 대형 프로젝트에 참가해 특허도 몇 개 가지고 있었기 때문에 실험 쪽에 대한 두려움은 없었다. 하지만 생물 관련 연구는 석사과정을 하면서 환자의 혈액을 채취하여 방사선을 조사한 다음 염색체 이상을 보는 실험을 통해 방사선 피폭에 관한 연구를 시행한 적은 있었지만, 실제적인 경험은 많지 않았다.

미국에서의 경험은 시행착오의 연속이었다. 한국에서는 방사선에 관한 한 전문가로 볼 수 있었지만, 미국에서 동물에 방사선 조사를 하기 위해서는 '방사선 안전 및 관리에 대한 시험'을 통과해야만 했기 때문에 이 시험을 위해 한 달간 기다려야 했다. 또한 동물 취급도 마찬가지였다. 교육 프로그램을 듣고 정해진 시간에 시험을 통과해야 했다. 한국은 이런 프로그램이 도입되지 않아서 누구든 동물 방사선 조사를 할 수 있고 동물을 다룰 수 있었지만 미국은 그런 면에서 훨씬 엄격한 부분이 있었다. 종사자를 보호하려는 차원이라고 생각을 하면서도, 그런 시험을 준비하고 치르는 시간이 무척 아깝다는 생각이 들었다.

이런 일련의 과정을 마치고 실험이 시작되었지만 그 또한 쉬운 일이 아니었다. 언어 소통의 문제는 어쩔 수 없었지만, 알게 모르게 작용하는 인종적 압박은 심리적으로 매우 불쾌하기까지 하였다. 근무지인 원자력의학원에서 허락받은 시간이 1년이었기 때문에 지연되는 모든 상황에 대해 조바심도 많이 들었다. 돌이켜 생각해보면 미국에 가기 전에 어느 정도 실험에 관한 사전 토의를 해놓고 가능한 준비를 했어야 했는데, 사전 준비가 부족했다는 아쉬움이 남는다.

실험은 마우스의 뇌실에 성장을 유발하는 사이토카인의 일종인 EGF(Epidermal Growth Factor) 등을 주입한 뒤 방사선 조사를 함으로써 방사선과 EGF의 역할을 규명하는 것이었다. 마우스의 뇌실에 주사기를 꽂아 약물을 넣는 것은 미세 수술에 해당될 정도로 어려운 일이었다. 여러 분야의 도움을 받으면 좀더 쉽게 할 수 있었을 일도, 미국이다 보니 하나에서 열까지 스스로 해야 함으로써 많은 시간이 필요했다. 결론부터 말하자면 실험 결과는 예상과 달리 나왔다. 즉 실패한 것이었다.

실험은 몇 주간을 계속하고 또 몇 달을 기다리는 지루한 시간이었다. 평소에 의사들을 보면 대체로 성질이 급하다. 일을 하다 보면 그 직업에 맞게 성격이 변하는데 의사들은 성질이 급해질 수밖에 없다. 왜냐하면 환자를 진단하고 치료하는 과정을 빨리빨리 진행하도록 해서 결과를 보고, 순간적으로 다음 일을 결정해야 할 때가 많기 때문이다. 나도 이런 과정 속에서 빠른 결단에 익숙해져 있었기 때문에 실험을 하면서도 빨리 결과를 보기 위해 조바심을 많이 내게 되었다. 이것은 과학자의 성격에 익숙하지 못한 면이라고 할 수 있었다. 따라서 실험을 하는 동안 나는 자신에게 많은 다짐을 하였다. 실험에서 기다림, 기다릴 줄 아는 지혜가 얼마나 필요한 일인가? 또한 세상을 살아오면서도 그런 기다림이 필요한 시점이 많다는 것을 알게 되었다. 결과의 기다림, 그것이 실패로 끝날 수 있다는 불안감 속에서도 희망을 갖고 기다리고, 또 그 결과를 겸허히 수용하는 자세가 과학자의 태도라고 생각한다.

인류를 위한 끊임없는 전진

한국에 돌아와서는 많은 임상 데이터와 물리 관련 논문을 쓰는 가운데 방사선 생물 관련 연구도 병행하고 있다. 미국에서의 실패를 교훈으로 삼아 관련 전문가와 함께 힘을 모으고 정보도 주고받는다. 또한 조급하게 조바심을 치는 태도도 많이 고쳤다.

내가 가장 재미있어 하고 자신 있는 분야는 방사선 치료 환자의 생존율을 높이고 부작용을 줄일 수 있는 생물학적 또는 물리학적인 접근이라 할 수 있기 때문에 가급적 그런 방향에 초점을 맞추어 연구를 진행하고자 한다. 현재 연구하고 있는 주제는 암환자의 실제 조직을 생검하여 1차 배양을 한 다음, 방사선을 조사하여 방사선 치료 전에 방사선 감수성을 알 수 있는 생물학적 방법을 찾는 것이다. 처음에 시작할 때는 성공을 가늠하기 힘들 정도로 앞이 보이지 않았으나 이제는 초기의 어려움을 지나 방법을 찾았고 현재 특허를 출원 중이다.

연구를 하는 데 있어 그 결과물이 성공할 것인가 실패할 것인가의 이분법으로 결과에 집착하며 자신을 몰아세우는 것은 그리 바람직하지 않다고 생각한다. 그러나 의사로서는 환자의 치료와 관련하여, 내 연구 성과물이 환자에게 실제 적용될 수 있는가, 그리고 실제로 도움이 되는가를 가치의 기준으로 생각한다. 즉 연구 결과가 아무리 획기적인 것이라 하더라도, 새로운 개발방법이나 성과물이 실제 치료에 적용되고 실용화가 되어야만 성공이고, 그렇지 못하면 실패일 수 있다는 관념을 항상 머릿속에 가지고 있는 것이다. 내가 하는 연구는 그 성격이 기초보다는 실용화 측면이어서 기초연구보다는 성공과 실패가 명확히 가려지기 때문에 연구를 주관하거나 참여하는 입장에서는 무척 스트레스가 쌓일 수 있는 일이다.

예를 들어 분자생물학에서 세포와 방사선과 관련된 유전자(gene), 효소, 단백질 등의 요소와 세포의 관계를 규명하는 것은 매우 중요한 일이다. 이는 분명 암 환자의 치료에 도움을 주는 열쇠가 될 수 있다. 그러나 대부분의 세포는 그 메커니즘이 매우 복잡하게 얽히고설켜서 하나의 요소만으로 구명되지는 않는다. 그러니 헤아릴 수 없는 세포들이 모여 믿기지 않는 엄청난 조화 속에서 작동하는 인간이라는 오묘한 유기체에 이를 적용해서 치료 효과를 도출하는 것은 얼마만큼의 힘이 드는 것일까?

기초를 하는 과학자는 기초를 하면서, 응용과학을 하는 사람은 그 나름대로 열심히 해서 많은 결과물을 도출하고, 또한 실용화를 추구하면서 연구하는 연구자들도 열심히 자기 길을 가고 있다. 그러나 지금은 진정으로 인류에 기여할 수 있는 자연과학적 산물을 위하여, 자기가 속한 범위 내에서든 학제간 연구를 통해서든 우리 모두가 함께 힘을 모아야 하는 시점이라고 생각한다. 다른 분야나 다른 접근방법을 가진 사람에 대해서도 이해하려고 노력하고 서로 도울 수 있는 자세가 필요하다. 과거에는 외골수 과학자가 성공한다고 했지만, 현재와 같은 정보화 시대에는 연구도 시간을 다투는 일이다. 따라서 자기가 하는 실험을 다른 사람이 더 앞서 하지는 않는지, 또 문제해결을 위한 더 나은 기술은 없는지 등 적절한 정보를 입수하여야 하며, 많은 분야의 과학자들과 만남으로써 더 많은 아이디어를 공유해야 한다. 끊임없이 배우는 자세로 연구에 임할 필요가 있음을 새삼 깨닫게 된다.

과학하는 사람의 덕목

마지막으로 나는 의사로서 또한 과학자로서 연구를 할 때마다 가슴속에 간직하는 것이 있다. 실험 과정에서 앞을 알 수 없는 깜깜한 통로를 지나는 심정이 들 때, 실패할 수 있다는 두려움이 팽배할 때, 나는 그것을 인생에서 부딪히는 여러 가지 도전과 비슷하게 생각한다. 인생을 살다보면 생각지도 않았던 실패를 당할 수도 있고 좌절의 순간을 맞기도 한다. 그러한 때일수록 나는 새벽이 오기 전 어둠이 가장 깊은 법이므로, 이 순간이 지나면 새벽이 올 것이라는 희망을 항상 가슴속에서 되새긴다. 이것은 연구나 실험에서 항상 어려움, 실패, 좌절을 경험할 수밖에 없는 과학자에게 꼭 필요한 생각이라고 믿는다.

나도 여자이지만 남녀 차별을 떠나서 생각하더라도 여성은,

특히 한국 여성은 참으로 강하다는 것을 항상 느낀다. 누구에게나 실패는 있는 법, 실패 속에서 쓰러지지 않고 더욱 더 굳세져야 하는 것이 과학자의 자질 가운데 주요 덕목이라면, 한국 여성은 이미 누구나 다 과학자의 훌륭한 덕목을 가지고 태어났다고 생각한다.

과학자의 길, 그것이 자연과학이든 공대이든, 또는 기초 분야를 하든 응용 분야를 하든 자기가 속한 분야뿐만 아니라 다른 분야도 항상 배우는 마음으로 존중하면서 대하는 것이 과학하는 사람의 중요한 덕목이다. 그 다음에 좌절하거나 포기하지 않고, 늘 초심을 간직하며 어려움 속에서도 빛나는 희망을 볼 수 있는 것이 또 하나의 중요한 덕목이라 믿는다.

김 서 령
K i m   S u h - R y u n g

서울대학교 수학교육과 교수

1982년 서울대학교 사범대학 수학교육과를 졸업하고 수도여고에서 1년 반 동안 교사 생활을 하다가 유학을 떠났다. 1988년에 럿거스대학교에서 박사 학위를 받고 교수 생활을 하던 중 1994년 귀국하여 경희대학교 수학과 교수로 재직했으며, 2004년부터 서울대학교 수학교육과 교수로 재직하고 있다. 세계적으로 저명한 그래프 이론학자이며 미국의 유수한 연구기관 DIMACS의 소장으로 박사논문 지도교수였던 프레드 로버츠 교수와 학위를 받은 후에도 지속적으로 공동연구를 수행하였으며, 그 외에도 미국의 저명한 그래프 이론 학자들과 활발한 공동연구를 진행하여 왔다. 1996년 이후에는 SRC인 포항공대 전산수학센터의 연구교수를 겸임하면서 국내 그래프 이론 학자들과도 공동연구를 하였다. 지금까지 SCI급 등재 학술지에 발표한 20편의 논문과 SSCI 등재 학술지에 발표한 1편의 논문을 포함하여 국내외 저명 심사제 학술지에 총 39편의 논문을 발표하였다.

다양하게 응용되는 그래프 이론의 매력에 빠지다

그래프 모형이란

나는 국내에서는 다소 생소한 분야인 '그래프 이론'을 전공했다. 그래프 이론에 대하여 간략한 소개를 하면 다음과 같다. 각 가정에 가스관, 수도관, 전선이 들어간 파이프를 설치하려고 할 때, 안전을 위하여 묻히는 깊이가 다르더라도 서로 엇갈려 지나가지 않도록 매설하려고 한다. 그런데 그렇게 하는 것이 언제나 가능할까? 우리나라 주요 도시들을 고속철로 갈 수 있게 하려고 할 때, 도시 간을 철로로 연결하는 가장 경제적인 방법은 무엇일까? 항공기가 목적지에 도착하여 승객을 태우고 다시 회항하기까지 걸리는 시간을 최소화하는 방법은 무엇일까? 실생활에서 이러한 문제가 제시되었을 때, 문제해결에 필요한 중요 특징들만을 포함하여 주어진 상황을 점과 선으로 표현한 것을 그래프 모형이라 부른다.

위에서 언급한 문제들은 주어진 상황을 반영하는 그래프 모델을 만들어서 그것을 분석하여 해결할 수 있다. 우리가 흔히 접하는 지하철 노선도도 그래프 모형이다. 지하철 노선도를 사용하지 않고 각 지하철 노선의 역명을 나열한 표만 제시된다면, 승객들은 어디서 갈아타는지를 살펴보느라 환승역을 놓쳐버릴지도 모른다. 그래프 모형은 지하철 노선도처럼 주어진 데이터를 집약적으로 보여줌으로써 우리가 원하는 정보를 쉽게 얻을 수 있도록 해준다.

그래프 이론의 효시

학문으로서의 그래프 이론을 처음 도입한 사람은 18세기에 독일에서 활동하던 스위스 수학자 레오날드 오일러이다. 당시 독일 쾨니히스베르크 시민들에게는 옛날부터 전해 내려오는 수수께끼가 하나 있었다. 쾨니히스베르크에는 시를 가로질러 흐르는 프레겔 강이 있는데, 시 중심에 크네이포프 섬이 있고 이 섬과 시를 연결하는 다리가 모두 일곱 개 있었다. 사람들은 다리를 건너 크네이포프 섬을 산책하면서 과연 같은 다리를 두 번 건너는 경우 없이 일곱 개의 다리를 모두 건너 출발점으로 다시 돌아올 수 있는 방법이 있을까 궁금해 했다.

쾨니히스베르크 시민들은 고민 끝에 결국 당대의 유명한 수학자였던 오일러에게 문제 해결을 부탁했다. 오일러는 간단한 그림을 그리더니 사람들이 그토록 고민하던 문제를 너무나 쉽게 풀었다. 그는 우선 프레겔 강에 의해 생긴 두 섬과 두 지역을 점으로 나타냈다. 이어서 그는 다리 수만큼 두 점들을 연결했다. 네 개의 점과 일곱 개의 선분으로 이루어진 그림이 만들어졌다. 이러한 그림이 바로 '그래프(graph)'였다.

오일러는 1736년 어떤 점에서 출발해 선을 한 번씩만 지나서 다시 그 점으로 돌아올 수 있는 그래프는 각 점에 결합된 선분의 수가 모두 짝수인 성질이 있다는 내용을 증명했다. 이 증명은 흔히 '쾨니히스베르크 다리 문제에 대한 해답' 또는 '한붓그리기 정리'라고 불린다. 그는 쾨니히스베르크 시의 수수께끼의 경우, 각 점에서 만나는 선분의 개수가 모두 홀수여서 이 성질을 만족하지 않기 때문에 일곱 개의 다리를 모두 건너면서도 각 다리를 한 번씩만 지나는 것은 불가능하다는 결론을 내렸다. 마침내 사람들의 의문이 풀렸다.

그래프 이론을 포함한 이산수학의 다양한 활용 분야

그래프 이론을 포함하는 이산수학은 자연수 등 원소의 개수를 셀 수 있는 집합에 대해 정의된 학문이다. 그래프 이론 외에 조합론, 암호이론, 알고리즘 분석 등이 이산수학에 속하는데, 제7차 교육과정 시행으로 고등학생들은 이산수학을 선택할 수 있게 되었다. 이산수학의 가장 큰 특징은 특정한 수학적 지식 없이도 순수한 수학적 사고를 토대로 해를 산출하는 게 가능하다는 점이다. 때문에 수학경시대회에서는 이산수학 문제가 많이 다뤄지고, 수학 영재를 발굴하고 교육시키는 주요 프로그램으로도 각광받고 있다.

예를 들어 미국의 '이산수학 및 이론컴퓨터과학 센터(DIMACS)'에서는 저명한 수학자들이 고등학생들과 함께 이산수학 분야의 문제를 공동 연구하는 프로그램을 운영한다. 이 프로그램을 거쳐 간 대부분의 고등학생들은 대학 입학 후 저명 학술지에 논문을 발표하는 등 그 '효과'를 발휘한다.

수학영재 발굴에서 빼놓을 수 없는 인물이 있다. 20세기 최고의 수학자 중 한 명인 헝가리의 폴 에르도쉬다. 그는 조합론의 대가였는데, 자신의 연구에 쏟는 열정만큼 수학에 재능 있는 학생들을 발굴하는 데도 많은 힘을 기울였다.

1960년 어느 날 에르도쉬는 열두 살의 소년 포사와 함께 점심 식사를 하고 있었다. 그는 포사에게 1과 2n 사이에 있는 정수 중에서 임의로 (n+1)개의 정수를 뽑았을 때 그중에 최대공약수를 1로 갖는 두 개의 정수가 존재하는 것을 증명하라는 매우 까다로운 요구를 했다. 그런데 포사는 먹던 것을 멈추고 잠깐 생각하더니 한 문장으로 간단하게 멋들어진 증명을 하는 것이 아닌가. 에르도쉬는 포사의 수학적 재능에 감탄해 그때부터 우편으로 질문을 보내면서 그래프 이론과 조합론을 가르치기 시작했다. 이후 포사는 열네 살 때 그래프 이론에 대한 첫 논문을 발표하는 '천재성'을 보였다.

이산수학은 수학적으로 재능이 뛰어나지 않은 학생들의 사고

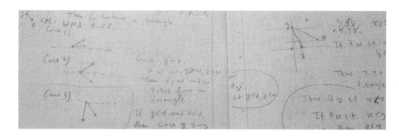

력 향상에도 큰 역할을 할 수 있다. 이산수학의 문제들은 실생활 문제를 해결하고자 제기되었기 때문에 학생들 자신이 실제상황에 처해 있다고 상상하며 서로 협동하여 문제를 풀게 유도할 수 있는 것이다. 이러한 과정은 학생들이 다양한 문제풀이 전략들을 개발 하도록 한다. 뿐만 아니라 학생들의 언어와 구술 능력을 발달시키 며, 논리 전개 단계에서 서로의 생각이 맞는지 검증하도록 함으로 써 정밀한 사고와 추론을 하도록 만든다.

이산수학은 수학 이외의 분야에도 널리 활용되는데, '에르도 쉬 수(Erdös Number)'가 이를 '증명'한다. 에르도쉬는 1996년 타 계할 때까지 1400편 이상의 논문을 발표했다. 그의 공저자는 무 려 25개국에 걸쳐 450여 명에 달한다.

에르도쉬 수는 그와 직접 공동 논문을 집필했으면 1이 되고, 그와 공동 논문을 집필한 사람과 공동 논문을 쓴 경우는 에르도쉬 수가 2라는 식이다. 에르도쉬 수가 1인 저명한 그래프 이론 학자 프랭크 해러리와 공저한 논문이 발표되어 필자도 에르도쉬 수를 2 로 갖고 있다. 아인슈타인의 에르도쉬 수는 2이고, 양자역학의 대 가 하이젠베르크의 에르도쉬 수는 4이다. 또 마이크로소프트사회장인 빌 게이츠의 에르도쉬 수는 4 이하다. 노벨상 수상자의 에르도쉬 수를 살펴봐도 이산수학의 활용 여부를 쉽게 알 수 있다. 1914~2003년까지 약 100년 동안 노벨상 수상자 중 물리학 분야에서는 42명, 경제학 분야에서는 13명, 화학 분야에서는 14명이 에르도쉬 수를 2~8까지 가지고 있다. 또 노벨 의학상 수상자 중 5명의 에르도쉬 수는 3, 7, 8, 10, 11이다.

20세기 이후 컴퓨터의 등장과 함께 이산수학의 중요성은 더욱 부각되고 있다. 그래프는 진산학은 물론 통신, 언어학, 사회학, 심리학, 화학 등의 많은 분야에 걸쳐 널리 응용되고 있다.

인상 깊었던 학회 이야기

다음은 내가 다녀본 학회 중에 가장 인상 깊었던 학회를 소개하고자 한다. 1990년 8월 미국 알래스카주 페어뱅크스의 알래스카대학에서 열린 'Quo Vadis, Graph Theory'(굳이 해석하자면 '그래프 이론이여, 어디로 가시나이까?')라고 특이하게 명명된 국제학술회의였는데, 열린 장소도 특이하고 미래 그래프 이론의 연구 방향을 제시하고자 하는 중요한 목적을 가졌다는 점에서 가장 인상적인 학회다.

이 학술회의는 오일러가 그래프 이론을 처음 도입한 이래 여러 갈래로 다양하게 발전되어 왔으며 최근 20년간 급격히 연구가 활발해진 그래프 이론에 대한 연구들을 총 정리해보고, 앞으로의 연구방향을 제시하고자 하였다. 진행방식은 각 분야에서 몇 명의 토론자가 초청되어 그 분야의 연구 진전 상황과 미래의 연구 방향을 발표하고, 최종일에 필자의 논문 지도교수였던 미국 럿거스대학의 프레드 로버츠 교수, 영국 케임브리지대학의 벨라 볼로바쉬 교수, 캐나다 워털루대학의 윌리엄 터트 교수가 4일 동안의 발표 내용을 종합하여 개괄적인 연구방향을 제시하는 것이었다.

발표된 분야들을 크게 나누면 그래프 컬러링(Graph Coloring), 그래프의 거리(distance) · 덮개(covering) · 짝짓기(matching) · 평면성(planarity) · 램지(Ramsey) 이론들, 공유그래프(Intersection Graph), 토너먼트(Tournament), 그래프 다항식(Graph Polynomial), 극한 그래프 이론(Extremal Graph Theory), 랜덤 그래프(Random Graph), 그래프 이론에 관련된 문제들을 해결하는 데 있어서 알고리즘을 이용한 접근 방법, 그래프 이론의 유전학(interval graph의 sequencing problem에의 응용), 사회학(signed graph, sign stability, pulse process, meaningfulness of conclusions, social networks), 화학(spectral graph theory, cage), 통신 및 정보 분야(T-coloring, conflict graph, competition graph), 생태학(competition graph), 교통 문제해결(일반 통행로를 만드는 데 있어서 strong connected orientation, traffic phasing problem), VLSI 디자인의 응용 등이었다.

미국 뉴욕시립대학의 조셉 말케비치 교수는 그래프 이론과 관련된 문제들은 쉽게 설명될 수 있고, 우리 주변에 널리 응용될 뿐만 아니라 많은 개념들이 컴퓨터를 이용하여 설명될 수 있기 때문에 학생들의 흥미를 쉽게 유발시킬 수 있고, 일반인들에게도 수학의 가치를 일깨우기에 적합한 주제라는 요지의 발표를 했다.

나는 'competition number and its variant'란 제목으로 발표를 하였는데, 코헨이 1968년 생태계에서의 먹이연쇄 고리로부터 경쟁 그래프(competition graph)란 개념을 도입하고, 로버츠가 경쟁수(competition number) 개념을 도입한 이래 얻어진 연구결과들 중 경쟁수에 대한 결괴들을 요약하고 미해걸 문제들을 소개하였다.

나는 뉴욕 주에 있는 세인트존스대학의 조교수로 재직 중 이 학회에 참석하게 되었는데, 뉴어크 공항에서 출발하여 시카고, 시애틀, 앵커리지에서 비행기를 세 번 갈아타고 무려 열 몇 시간이 걸려 페어뱅크스에 도착하였다. 앵커리지에서 페어뱅크스로 갈 때 조그만 비행기가 산과 산 사이로 스칠 듯이 지나가는 바람에 줄곧 가슴 졸였던 일이 기억에 새롭다. 나는 알래스카가 추울 것이라는 선입견 때문에 무작정 긴소매의 두터운 옷들만을 준비했다. 하지만 그곳은 한여름이었고 회의 참석자들 가운데 유일하게 가을 옷을 입음으로써 본의 아니게 튀는 행동을 하게 되었다. 이를 거울삼아 이후로는 학회에 참석할 때 반드시 행선지의 기온을 확인한다.

알래스카대학 캠퍼스는 미국 본토의 어느 대학 못지않았지만 그 주변 환경은 거의 허허벌판으로 황량하기만 했다. 그런 곳에도 중국음식점이 있는 것을 보고는 중국인들의 개척정신에 다시 한 번 감탄했다. 알래스카대학은 벨연구소의 리서치 디렉터이며 럿거스대학 교수로 있는 세계적인 그래프 이론학자 로널드 그래햄 교수가 학부를 다닌 곳으로, 그는 학회 전날 모임에서 학부 시절 행글라이딩에 몰입했던 추억 등을 이야기하며 감회에 젖었다.

학회에는 약 50명 정도가 초청되어 가족적인 분위기였고, 알래스카의 주산물인 연어 요리를 주로 하는 야외 음식점에서의 푸짐한 저녁과 뮤지컬 관람 등도 마련되어서 즐거운 시간을 가질 수 있었다. 밤 10시까지 환한 백야도 신기한 볼거리였다.

학회 마지막 날은 고령의 튜트 교수가 'Whither Graph Theory?' 라는 제목의 자작시를 낭송하였는데, 나로서는 전혀 예상하지 못한 신선한 충격이었다. 그래프를 연구하는 방법을 포괄적으로 나타낸 시의 내용 일부를 소개하면 다음과 같다. 루이스 캐럴의 《이상한 나라의 앨리스》에 나오는 세 명의 소녀 엘지, 틸리, 레이시의 운명처럼 그래프를 연구하는 학자들은 깊은 우물 바닥에 살고 있다. 그 우물 바닥은 가장 간단한 구조를 가진 그래프인 널 그래프(null graph)로 이루어져 있고, 우물 벽들도 그래프들로 이루어졌는데, 위로 올라갈수록 복잡하면서도 흥미로운 구조를 가진 이 우물의 벽은 끝없이 올라간다는 것이다. 나중에 안 일이지만 튜트 교수는 학회에서 종종 이런 종류의 시를 발표한다고 했다. 그래프 이론 분야에서 중요한 업적을 쌓은 노 교수가 여유 있게 시를 낭송하시는 모습은 정말 멋 있었다.

마지막 날에는 페어뱅크스의 이곳저곳을 돌아볼 기회가 있었는데, 야생식물로 가득한 벌판을 가로지르는 송유관이 인상적이었다. 돌아오는 길에는 학회에 참가했던 대부분의 사람들이 같은 비행기로 시애틀까지 함께했다. 그곳 도착 시각이 새벽이어서 다음 비행기를 기다리는 동안 점잖은 노 교수님들이 공항 의자에 길게 누워 잠을 청하는 진풍경이 벌어졌다. 지금도 그때의 기념사진을 보면, 당시 학위를 받은 지 2년밖에 안 된 내가 그래프 이론의 대가들과 나란히 서 있다는 데 자긍심을 깆게 되고, 그런 기회를 주신 지도교수 로버츠 교수에게 감사하게 된다. 그분들처럼 될 수는 없더라도 적어도 그분들을 닮아가도록 끊임없이 노력하자는 다짐을 하게 된다.

김 혜 영
Kim Hae-Young

용인대학교 식품영양학과 교수

1984년 이화여자대학교 식품영양학과를 졸업하고 동대학원에서 식품학전공으로 석사학위를 취득하였으며, 1990년 미국 캔자스주립대학교에서 식품학전공으로 박사학위를 취득하였다. 뉴욕 맨해튼에 있는 뉴욕시립건강연구소(PHRI)에서 박사후연구원으로 활동하였으며, 이화여자대학교, 서울여자대학교, 상명대학교 등에 출강하였다. 1996년부터 현재까지 용인대학교 식품영양학과 교수로서 식품조리와 관능검사 및 단체급식 과목을 담당하고 있다. 국내외에 다수의 연구논문을 게재하였고, 무지방케이크 개발, 오미자식혜를 이용한 스포츠음료 개발, 저염 된장을 이용한 스프레드 개발 등에 대한 특허를 가지고 있으며, 국내 유명 산업체와 식품 저장, 개발, 평가에 관한 공동연구를 활발히 하고 있다. 한국조리과학회 및 한국식생활문화학회 등 여러 학회에서도 활발하게 활동하고 있으며, 저서로는 《식품조리과학》, 《식품품질평가》, 《한국음식개론》, 《푸드코디네이션개론》 등이 있다.

내 인생의 가장 탁월한 선택은 식품영양학

부모님과 충분한 상의 끝에 식품영양학과라는 전공을 선택하여 이 길로 들어온 지 어느덧 20년이 넘었다. 식품영양학은 식품이나 영양이라는 말이 낯익어서 그런지 정확한 이해가 없어도 누구나 다 할 수 있을 것 같은 학문이다. 사실 나도 만만하게 생각하고 시작했다. 그런데 대학에 입학했더니 만나는 사람마다 예외 없이 하는 말이 "밥은 잘 하겠네?", "시집은 잘 가겠네?"였다. 열아홉 살 대학 신입생이 '훌륭한 여성과학자의 길을 가고 싶다'는 웅장한 의식을 가지고 있었던 건 아니지만, 그래도 '밥 잘하고 시집이나 잘 가려고' 대학에 온 것은 아니었으므로 그러한 반응은 절대 인정할 수 없다고 생각하면서도 당시에는 변변한 대응 한번 해보지 못했다.

대학에 들어간 뒤에는 학과 수업과 유학 준비, 유학과 박사후 연구원 생활을 하다가 한눈 팔 시간도 없이 훌쩍 세월이 지나고 말았다. 대학교수가 된 지금도 식사와 커피, 와인이 곁들여지는 모임에 나가면 사람들이 "이거 먹으면 뭐가 좋아요?", "이 요리는 어떻게 먹어야 해요?" 등을 물어본다. '식품영양학과 교수니까 시원하고 명쾌한 대답을 해주겠지' 하는 시선 앞에서 내심 당황스러운 적이 한두 번이 아니다. 그럴 때면 막힘없이 설명하는 식품영양학과 선배 교수님들이 새삼 존경스럽고, 전공 특성상 일상생활에 대한 준비가 더 많이 필요하다고 다짐하기도 한다.

얼마 전에는 해외출장을 다녀왔더니 교회 목사님께서 '여름철 식생활'에 대해 주일 오후에 강의를 해달라고 부탁했다. 외국에서 막 도착하여 시차 적응도 어려우므로 다음 기회에 하겠다고 말씀드렸지만, 목사님께서는 식중독 사고도 있었고 하니 교인들의 건강을 위해 평소 사석에서 하던 이야기들을 강연으로 해달라고 하신다. 덩달아 옆에서 "여름철 식생활은 손 잘 씻고, 잘 익혀 먹으면 되는 거 아니에요? 그 이야기 해주세요" 하고 누군가 거든다. '아니 그럼 10초면 되는 걸 나보고 어떻게 30분이나 강연하란 말인지요'라고 묻고 싶었지만, 밀린 일 제쳐놓고 며칠간의 고민 끝에 '식중독, 전염병, 비만과 다이어트, 여름철 보양식'으로 정리하여 '건강한 여름을 위한 식생활 지침'에 대한 약 60장 정도의 발표자료를 만들었다.

강의는 "푹푹 찌는 여름에는 특히 식중독과 전염병의 위험이 많지요"로 시작되었다. 하지만 그날은 공교롭게도 비가 많이 와서

덥기는커녕 실내에서는 오히려 춥게 느껴질 정도의 날씨여서 어쩐지 공감대가 떨어지는 감이 있었다.

여름철에 잘 손질되지 않은 생야채, 살균 처리가 미흡한 유제품이나 육가공품, 생선회나 어패류 등 식중독균에 오염된 음식을 먹으면 구토, 설사, 경련, 고열, 호흡곤란이 오는 경우가 있고 심하면 사망에 이르기까지 한다. 따라서 여름에 생것을 먹을 때에는 공인된 업체의 것을 이용하여야 하고, 채소는 음용수로 충분히 세척하여야 한다. 또한 냉장 냉동식품을 구매할 때는 유통기간과 보관온도 기준을 지키고 있는지 확인한다.

여름철 보양을 위해 끓인 곰국이나 갈비탕 등을 밤새 가스레인지 위에 두는 것은 위험한 일이다. 실온에서 네 시간쯤 후부터는 세균 1마리가 20~30분마다 배로 증가하여 몇 시간 이내에 수백만 마리가 넘게 되므로 다음날 아침에 국을 끓여 먹는다 해도 안전을 보장하기가 힘들어지기 때문이다. 따라서 저녁에 끓여놓은 국은 얼음물 등을 이용하여 두 시간 이내에 약 섭씨 10도 정도로 재빨리 식힌 후 4도에서 냉장보관하였다가 충분히 재가열하여 먹는 것이 올바른 방법이다.

바이러스는 세균과는 달리 시간이 지나도 혼자서는 증식하지 못한다. 그러다가 번식이 가능한 세포를 만나면, 즉 사람이 바이러스가 있는 식품을 먹는 경우 사람의 몸을 매개체로 하여 기하급수적으로 번식하는 성질이 있다. 최근에 학교급식에서 노로바이

러스(norovirus) 식중독이 발생했는데, 1500여 명 이상이 이 바이
러스성 식중독에 감염되어 사회가 발칵 뒤집히고 대형 급식업체
의 위생 문제가 다시 한번 대두되기도 했다.

여름에는 대부분의 사람이 기운이 없어 영양식을 보충하지만
실제로 쓰이는 기초 대사량은 겨울에 비해 상대적으로 낮다. 따라
서 여름에는 태워 없애는 열량이 상대적으로 적어 열량이 조금만
증가해도 체지방량이 늘어날 확률이 높으므로 지방 섭취는 줄이
고 양질의 음식을 적당량 먹을 필요가 있다.

비만을 치료하는 방법으로는 크게 식사요법, 행동수정, 운동
요법을 들 수 있다. 그중 식사요법은 단기간에 가장 빠른 효과를
볼 수 있지만 요요현상으로 더 많은 살이 찌는 경우가 대부분이다.
따라서 식습관을 관찰하여 비만을 유발하는 행동을 수정하고 운
동을 병행하여야 한다. 또한 운동을 많이 한 날은 보상심리가 생
겨 더 많이 먹는 경향이 있는데 이렇게 되면 절대 체중을 감량하기
어렵다. 식사조절, 운동과 함께 충동과 행동을 조절하기 위해 감
량을 하면, 가족이나 자기 자신이 예쁜 옷이나 꼭 필요한 선물을
하여 칭찬하고 보상함으로써 기쁨을 오래 기억하고 만끽하도록
하는 것이 요요현상의 위험에서 벗어나 정상적인 체중을 유지할
수 있는 좋은 방법이다.

여름철에는 특히 기름진 음식이나 튀김음식은 피하는 것이 좋
으며, 열량이 낮은 조리법을 택하고 영양성분이 골고루 들어 있는
음식을 골라먹는 것이 좋다. 열량이 낮은 양질의 음식이라도 양이

많으면 체중조절에 실패하게 되므로, 체중을 조절하려는 사람은 반드시 저열량으로 조리한 양질의 음식을 적은 양만 섭취하는 것이 매우 중요하다. 건강한 여름을 보내기 위해서는 무기질과 비타민이 풍부한 균형 잡힌 저열량 식사와 충분한 수분섭취가 필요하며, 식초나 겨자, 후추 등의 향신료를 적절하게 사용하여 입맛을 돋우도록 한다.

기운도 내고 체력도 보강할 수 있는 양질의 음식에 삼계탕이 있다. 삼계탕은 위장기능이 약해지는 여름에 소화흡수가 잘되고, 인삼의 쌉쌀한 맛이 식욕을 돋우며, 체내대사를 활성화하여 신진대사를 촉진시키는 좋은 음식이다. 또한 콩국의 콩 단백질은 필수 아미노산이 풍부하며, 추어탕은 단백질과 비타민, 칼슘이 풍부하여 어린이와 노약자에게 좋은 음식이다. 그밖에 육개장이나 닭칼국수, 과일화채나 제철과일을 적당히 잘 이용하면 여름철 무더위를 이기고 건강도 지킬 수 있을 것이다.

이와 같은 내용으로 여름철 식생활에 대한 강연을 무사히 마칠 수 있었다. 아마 한국조리과학회나 같은 분야의 교수님들이 이 글을 보시면 '김혜영 교수가 늘 하던 연구나 강연은 아니구나' 하시며 미소 지으실 것 같다. 사실 이럴 때는 내 전공이 차라리 일반인들의 관심과는 좀 먼 분야였더라면 하는 사치스런 생각을 하기도 한다. 그러나 한편으로는 애써서 전공에 대한 홍보와 안내를 할 필요가 없으니 행복하다고 생각하기도 한다.

21세기 우리의 관심이 어떻게 하면 환경을 지키며 더 잘 먹고 건강하게 오래 살 수 있는지에 집중되면서, 누구나 관심이 있고 알고 싶어 하는 주제를 실험하고 탐구하는 실용과학의 중요성이 더욱 강조되고 있다. 그런 점에서 실용과학으로서의 식품영양학은 무한한 발전 가능성을 가진 분야다. 실제로 나의 연구주제는 도서관 서고의 먼지 쌓인 고서에서 새로 생긴 식당의 메뉴 구성에 이르기까지 다양하다.

현재 나는 건강 기능성이 보강된 식품을 개발하여 이 식품들이 소비자에게 받아들여질 수 있도록 이화학적·관능적 분석 평가와 소비자 평가를 하며, 소비가 발생될 수 있는 단체급식에서의 다양한 조사연구를 병행하고 있다. 최근 대학원 석사과정의 논문지도 연구 중 하나는 저염 생된장잼에 대한 것이었다.

된장은 발효식품으로 혈전용해능, 면역 강화기능, 항산화 효과, 항암 효과 등의 생리활성이 훌륭하다는 연구가 많이 보고되어 있다. 그런데 된장의 생리효과는 미생물과 효소가 살아 있을 때 최대화될 수 있으므로 미생물과 효소의 기능을 최대화하기 위하여 생으로 섭취할 수 있는 방법에 관심을 가지게 되었다. 한편 된장에는 10~20퍼센트 이상의 염분이 함유되어 있어서 염의 과다 섭취에 따라 고혈압, 뇌졸중, 위암 발생 등에 영향을 미칠 수 있는 것으로 보고되고 있으므로 된장을 저염화하는 연구가 필요하다고 생각하였다. 하지만 저염된장은 발효과정 중 미생물 서식분포 변화로 인한 맛의 저하와 보존성 확보의 어려움이 있어 산업적 적용에 문제점이 있었다.

이 같은 된장의 특성에 착안하여 6퍼센트 이하의 저염이면서 된장 고유의 고린 냄새를 줄이고 고소한 맛을 증가시켜 빵에 직접 발라먹을 수 있는 생된장잼을 개발하게 되었다. 실제 미생물 실험 결과, 우리 몸에 유익한 바실루스(Bacillus) 균이 생된장에는 $6.9 \times 106CFU/ml$, 끓인 된장에는 $3.4 \times 104CFU/ml$로, 끓인 된장보다 생된장에 약 200배나 더 많이 존재하는 것을 알 수 있었다.

개발된 생된장잼은 일회용 버터처럼 작은 플라스틱 용기에도 담아 상용화할 수 있도록 했다. 저염 생된장잼처럼 좋은 기능성 식품이 개발되면 특허로 등록하기도 한다. 처음 특허출원 때 서면으로 받은 질문은, 생으로 먹는 저염된장이 이미 특허등록이 되어 있는 저염 콩발효식품 일본의 낫토(納豆)와 같기 때문에 그 차이점을 설명하지 않으면 최종 특허 취득이 어려운 상황이라는 것이었다.

일본의 낫토는 콩이용 장류 중에서 숙성 기간이 짧은 우리나라의 청국장과 비슷하지만 발효와 숙성 기간이 긴 된장과는 제조법이나 맛이 아주 다르다. 된장은 자연적인 메주발효 및 된장발효와 오랜 자연 숙성과정을 통해 곰팡이, 바실루스, 젖산균, 효모 등이 복합적으로 작용하여 대두 단백질을 분해함으로써 필수 아미노산 및 지방산, 유기산, 미네랄, 비타민 등을 보충해주는 영양적 우수성을 지니고 있다. 실제로 재래식 된장의 항돌연변이성과 일본의 미소와 낫토, 청국장, 상품용 된장의 차이를 비교해본 결과, 오랜 발효 기간을 거친 재래식 된장의 생리활성이 가장 컸으며, 그 다음으로 상품용 된장, 청국장, 일본 된장의 순으로 생리활성 효과가 나타났다. 이러한 보고를 증거로 제시한 후 저염 생된장잼의 특허 등록을 최종적으로 얻을 수 있었다.

식품영양학과 교수는 대중의 궁금증에 대해, 자신의 연구를 통해서든 선행된 연구를 통해서든 더 정확하고 쉽게 이해시키는 지식전달의 오퍼상 같은 역할도 병행해야 한다. 생각해보면 처음 식품영양학을 선택했을 때 주변 사람들이 말했넌 것처럼 시십노 잘 가고, 어언 20년을 짓다보니 밥도 웬만큼 잘하게 되었다. 아직도 식품영양학과에 합격했을 때 주변 분들의 반응이 생각난다. 그러한 반응은 식품영양학이 그만큼 우리 생활과 밀접한 학문이며, 이론 못지않게 실용적인 면도 중요한 학문이라는 증거가 아닐까 생각한다. 누구에게나 친근하면서도 꼭 필요한 응용과학이자 실용과학인 식품영양학을 선택한 것은 내 인생의 탁월한 선택 중 하나였으며 늘 이에 감사한다.

남윤순
Nam Yun-sun

삼성종합기술원 연구원

이화여자대학교 수학과를 졸업하고 동대학원에서 대수학전공으로 석사학위를 취득한 후 캐나다 브리티시 컬럼비아대학교 응용수학과에서 그래프론으로 박사학위를 취득하였다. 현재 삼성종합기술원에서 생명정보학 분야 연구를 하고 있다.

내가 수학을 선택한 이유

나의 꿈

가끔 "어린 시절 꿈이 무엇이었냐?"라는 질문을 받는다. 초등학교 시절 내 꿈은 터무니없게도 소설가였다. 지금 이 원고청탁만으로도 며칠을 끙끙대고 있는 내가 말이다. 아마 실수로 학급 대표로 백일장에 나갔던 일이 글쓰기에 재주가 있다고 오인하게 만들었던 것 같다. 그러다가 초등학교 이후부터는 수학을 전공하고 싶다는 생각을 했다. 수학문제를 풀 때 어떤 학과목을 공부할 때보다도 집중할 수 있었고 즐길 수 있었기 때문이다.

내가 결정적으로 수학자가 되겠다고 결심을 굳히게 된 것은 중학교 3학년 때 기하를 배우면서부터였다. 종이에 이렇게 저렇게 도형을 그려 각의 크기, 선분의 길이 등을 계산해내는 것이 나에게는 퍼즐놀이를 하고 있는 것 같은 재미와 흥분을 주었다. 수

학문제 푸는 것을 좋아하기는 했어도 게임을 하는 듯한 흥분을 느낀 것은 그때가 처음이었다.

이렇게 수학이 게임 같다고 생각하던 나는, 고등학교 때 가까운 친구들이 진학 희망학과에 당시 인기학과이던 약대 또는 의대를 쓸 때도 별 갈등 없이 수학과라고 써넣었다. 대학 입학원서를 낼 때 잠시 건축공학과를 두고 망설이기도 하였지만 결국 수학과를 염두에 두고 이화여자대학 자연과학 계열로 진학했다.

대학 2학년 때부터 본격적으로 시작된 전공수학은 진짜(?) 수학의 깊이와 아름다움을 깨닫는 계기가 되었다. 고등학교 때의 수학이나 대학 1학년에 배운 미적분학은 대부분의 경우 수식을 푸는 것이었다. 하지만 전공수학은 거의 모든 것을 논리적으로 증명해야 했고 또한 이를 논리적으로 묘사해야 했다. 처음에는 무엇이든 증명해야 하는 것에 약간은 당황스러웠으나, 존재하지 않는 추상적인 개념에 기반을 두고 진실을 밝히고자 하는 수학이라는 학문에 매력을 느끼기 시작하였다. 이러한 수학의 모순적인 아름다움이 내가 박사학위를 하고 수학자의 길을 계속 걷게 한 근본적 동기라고 생각된다.

수학은 왜?

종종 사람들로부터 "왜 수학을 전공하게 되었느냐?"는 질문을 받는다. 심지어 어떤 이는 여자가 왜 그렇게 어려운 학문을 하느냐고 묻기도 한다. 거기에 왜 '여자'라는 말이 들어가는지 나는 잘 이해하지 못하겠다. 오히려 수학은 실험을 하는 다른 과학과목보다 육체적 노동이 없기 때문에 여자에게 잘 맞는다고 생각되며, 무엇보다도 어렵지 않은 학문은 없는 것 같다. 이러한 질문을 받았을 때 나는 약간은 궁색한 대답을 한다. "제가 게으르거든요."

질문한 사람이 의아하게 나를 쳐다보면 다시 부연 설명을 한다. 게으르고 메모리 용량이 작아서 역사나 영어단어들을 기억하는 데 어려움이 있다고. 그렇기 때문에 수학처럼 기억할 필요가 없는 과목을 전공하여야 한다고. 이 말은 반은 농담이고 반은 진실이다.

사실 고등학교 시절에 나는 기본적인 공식을 제외하고는 기억하지 못했다. 시험시간에 공식을 유도해서 문제를 풀어야 했기 때문에 나는 언제나 시험시간이 부족했다. 그래서 나는 나처럼 암기하기 싫어하는 사람들에게 수학을 전공하라고 추천하고 싶다. 수학의 또 다른 장점은 아무런 준비 없이 어디에서나 할 수 있다는 것이다. 종이와 펜만 있으면 가능하다. 게으른 나는 가끔 침대 위에서도 수학을 시도한다.

수학은 어디에?

다음으로 많이 받는 질문은 수학을 전공해서 무엇을 하냐는 것이다. 유학 첫해였던 것 같다. 미적분학 조교를 할 때, 뚱뚱한 서양 남자애가 전자계산기에 넣으면 모든 답이 나오는데 이렇게 복잡한 미적분학을 왜 공부하는지 모르겠다고 투덜거렸다. 그때 나는 적당한 대답을 할 수가 없었다. 물론 그 아이도 실제로 미적분학을 공부하는 것이 쓸모없다고 생각했다기보다는 푸념이었으리라고 생각된다. 나는 어떤 대답으로 그 푸념을 잠재울까 고민했지만 결국 아무 말도 하지 못했다.

수학을 어디에 써먹느냐는 등의 질문은 순수수학이 아닌 응용수학을 전공하고 싶다는 마음이 생기게 했다. 더욱이 내가 박사학위를 받은 브리티시 컬럼비아대학에서는 응용수학연구소(Institute for Applied Mathematics)라는 학제간 학과를 두어 공대, 경영학, 생명공학 등 다양한 분야와 연계된 연구가 활발하게 이루어지고 있어서 응용수학을 공부하기에 아주 좋은 조건이었다. 데이터 구조론을 배우면서 그래프론이 전산학에 어떻게 활용되는지를 알게 되었고, 경영학 과목을 들으면서 수학이 어떻게 활용되는가를 알 수 있었다. 그 뚱뚱한 아이를 만나서 수학이 얼마나 많은 학문에 응용되는지, 우리의 삶 곳곳에서 얼마나 많은 해결책을 제시해주는지 말해주고 싶었으나 다시 만날 수가 없었다.

연구는 미련한 장거리 경주

유학생활은 나에게 박사학위를 안겨주었지만 연구에 대한 생각 자체를 바꾸게도 해주었다. 즉 과학을 연구하는 것은 100미터 달리기가 아니라 마라톤이라는 점을 깨닫게 해준 것이다. 이것은 박사학위 지도교수였던 리처드 앤스티 교수 덕분이기도 했다. 그는 내가 난관에 부딪칠 때마다 바닷가에 가서 바람을 쐬고 오라고 조언을 해주었다. 아이가 셋이나 있던 그는 연구, 가정, 자신에게 균등하게 시간과 에너지를 투자하려고 노력하였다. 그럼으로써 한쪽에서 지친 피로를 다른 쪽에서 얻은 에너지로 보충하였다.

또한 밴쿠버의 아름다운 바다와 산은 서울에서만 생활해 온 나에게 자연을 즐길 수 있는 여유를 만들어주었다. 내가 박사학위를 받을 때 1993년 화학 부문에서 노벨상을 받은 마이클 스미스가 브리티시 컬럼비아대학에서 명예박사학위를 받았다. 내가 본 최초의 노벨상 수상자였던 그는 노벨상처럼 권위 있는 상을 받는 사람은 365일 연구만을 할 것이라고 막연하게 생각했던 나의 선입견을 바꾸어 놓았다. 그는 졸업식에서 눈이 마주치는 사람마다 환한 미소를 지어주었고, 졸업연설에서는 자신이 브리티시 컬럼비아대학에 재직하는 데는 여러 가지 이유가 있지만, 무엇보다 자신이 좋아하는 셀링보트(Sailing Boat)를 즐길 수 있는 최적의 자연환경을 가지고 있기 때문이라고 말하기도 했다. 아직도 나는 여유 있게 자연을 즐기지 못하지만 마음이 조급해질 때는 박사논문과 씨름할 때 자주 찾았던 바닷가를 떠올리곤 한다.

박사학위 과정에 들어가서 1년 후에 응용수학과로 전과를 하였기 때문에 나는 3년간 코스워크를 해야 했다. 3년간의 코스워크가 끝난 뒤 박사학위 논문을 위해 주제를 정하고 문제를 풀기 시작했다. 처음 두 문제는 1년 만에 해결이 가능했다. 은근히 오만이 생기고 차츰 게으름까지 생겼다. 그런데 이런 나를 혼내주려는 것처럼 마지막으로 잡은 문제가 속을 썩이기 시작했다. 풀릴 듯하면서도 영 풀리지가 않았다. 그렇게 2년간을 끙끙댔다. 옆에서 지켜보던 지도교수가 이미 해결한 두 문제만 갖고 박사학위 논문을 완성하자고 했다. 미련한 나는 패배하는 것 같아서 그의 제안을 거부했다. 결국 각고의 노력 끝에 조건을 완화하여 문제를 해결할수 있었다. 나의 미련함은 종종 생활에서 손해를 주기도 하지만, 수학을 할 때에는 이런 미련함이 가끔 도움을 주기도 한다. 한 번 풀겠다고 생각하면 웬만해서는 결심이 흔들리지 않는다. 아마 수학을 하는 사람, 아니 과학을 하는 사람들에게는 이러한 미련함이 조금씩은 있는 것 같다.

생명과학 속의 수학

수학을 활용하는 산업현장에서 일하고 싶었던 나는 현재 기업의 생명정보학 분야에서 일을 하고 있다. 내가 생명정보학을 선택한 이유는 이제 막 걸음마를 하는 분야이기 때문이었다. 수학을 싫어하는 사람이 과학을 하고 싶을 때 선택하는 분야가 생명과학이라는 우스갯소리를 들은 적이 있다. 그만큼 생명과학 분야는 다른 과학에 비하여 수학적 접근이 이루어지지 않았다.

거기에는 생명과학의 특성이 가장 큰 몫을 했다. 생명은 아주

하찮은 벌레조차도 너무 복잡하기 때문에 그것의 전체 메커니즘을 알아내는 데는 많은 어려움이 있다. 그러니 코끼리 다리만 갖고 코끼리 전체를 모델링하는 것은 쉽지 않았다. 그러나 게놈프로젝트 이후 생명과학은 대량의 데이터를 내놓고 있다. 이 대량의 데이터들로부터 의미 있는 패턴을 모색하고, 논리적이고 예측 가능한 모델을 정립하기 위해서 수학적 접근이 절실히 요구되고 있다. 나의 수학적 지식과 능력이 이러한 작업에 조금이라도 도움이 된다면 큰 보람과 기쁨이 될 것이다.

즐거움을 주는 수학교실

언젠가부터 나는 일을 그만두면 봉사하면서 살겠다는 생각을 마음속에 두고 있다. 이제까지 내가 알게 모르게 주위 사람들로부터 받았던 은혜를 다시 돌려주고 싶다. 과연 어떤 봉사를 할까 생각해보면 역시 수학과 연관이 된다. 힘든 가정의 자녀들을 모아 조그만 수학교실을 열고 싶다. 머리 아픈 숫자들의 망령으로서가 아니라 하나의 놀이로서 수학에 접근하도록 도와주고 싶다. 내가 중학교 기하시간에 이리저리 도형을 그려보며 도형의 각도, 길이 등을 계산하면서 느꼈던 퍼즐놀이 같은 희열을 그들도 수학문제를 풀면서 느끼게 하고 싶다. 의사가 무의촌에서 봉사를 하는 것도 좋은 일이지만, 자라나는 세대들이 수학에 대한 거부감을 없앰으로써 훌륭한 수학자가 되거나 또는 생활에서 논리적 사고를 하고 수학지식을 활용할 수 있다면 이 또한 의미가 크리라 생각한다.

얼마 전 '분수'를 모르는 대학생이라는 기사를 읽었다. 고교 과정에서 수학이 선택교과목이 되면서 많은 학생들이 기초적인 수학 지식도 없이 대학생이 된다는 어이없는 이야기였다. 우리 삶의 유용한 도구인 수학을 쉽게 포기한다는 것은 수학의 즐거움과 유용성을 피부로 체험해 온 나로서는 너무나도 안타깝고 걱정스러운 일이다. 따라서 나는 수학교실을 통해 수학의 즐거움, 유용성, 아름다움을 알기도 전에 포기하는 일을 조금이라도 방지하고 싶다.

없는 글재주로 몇 글자 적어보았는데 읽을수록 더 두서가 없어 보인다. 그래도 이 글을 읽고 한 사람이라도 수학에 대한 비호감이 호감으로 바뀌었으면 하는 분수 넘치는 바람을 가져본다.

문애리
Moon A-Ree

덕성여자대학교 약학대학 학장

1983년 서울대학교 약학대학 약학과를 수석으로 졸업한 후 1989년 미국 아이오와 주립대학교 생화학과에서 박사학위를 받았다. 생명공학연구원 위촉 선임연구원과 식품의약품안전청 국립독성연구원 연구관으로 재직했으며, 1995년 덕성여자대학교 약학대학 교수로 부임하여 2005년부터 약학대학 학장을 역임하고 있다. 주된 연구주제는 유방암 전이기전 연구이며, 2005년 에 '유방암 전이제어를 위한 바이오신약 타깃발굴 연구'로 최우수실험실에 선정되었다. 대한약학회, 한국생화학분자생물학회, 한국독성학회, 한국응용약물학회 등의 임원을 맡고 있고, 중앙약사심의위원회 위원, 학술진흥재단 학술연구심사평가위원 등에 위촉되었다. 또 국외저널 *Journal of Molecular Signaling*의 편집자로도 활동하고 있다. 2001년 동성제약 이선규 약학상, 2004년 한국과학기술단체총연합회 과학기술우수논문상, 2004년 로레알-유네스코 여성생명과학상을 수상한 바 있다. 취미 생활로 요가와 헬스를 하고 있다.

노력하되 일을 즐겨라

약학대학을 나와 생화학 전공으로 미국에서 박사학위를 받은 나는 현재 약학대학에서 생화학을 강의하며 암연구를 하고 있고, 작년부터 약학대학 학장을 맡고 있다.

전공을 과학으로 결정한 것은 고등학교 2학년 올라갈 때 이과를 선택하면서부터였다. 관심이나 성적이 특별히 한쪽으로 치우치지 않았기 때문에 선택은 결코 쉽지 않았다. 수학을 좋아했지만 영어나 국어도 꽤 흥미 있었다. 그때는 아무런 갈등 없이 한쪽을 선택하는 친구들이 부러웠고 난 왜 이리 개성이 없을까 자책을 하기도 했다.

유전적 배경으로 보면 단연 문과 쪽이었다. 1959년 12월 고등학교 노총각 영어선생님이셨던 아버지와 역시 고등학교 노처녀 독어선생님이셨던 어머니가 '한해 더 가기 전에' 결혼하셨고 이듬해 내가 태어났기 때문이다. 문과와 이과 사이를 수백 번 왔다갔

다하다가 이과 쪽으로 저울추가 기울 즈음 마침 신청서를 내는 날이 왔고, 내 진로의 방향이 그렇게 결정되어버렸다. 신청서 내는 날이 그날이 아니었더라면 과학 대신 문학이나 경영학, 법학을 전공했을지도 모른다. 어느 쪽이 더 좋은 선택이었을지는 누구도 모른다. 확실한 건 내 선택이 탁월한 것이었다고 말할 수 있기 위해서는, 가지 않은 길이 아름답다고 후회하고 한숨 쉬는 대신 선택한 길에 최선을 다해야 한다는 것이다.

전공이 얼떨결에 결정된 것처럼 직장여성도 어려서부터의 꿈이 아니었다. 내 장래 희망은 '가정주부'였다. 내가 어릴 때 대학으로 자리를 옮긴 어머니는 항상 바쁘셨다. 까다로운 시어머니를 모시고 아이 셋과 씨름하며 직장 일을 하시던 어머니는 늘 지쳐보였고, 결코 동경의 대상이 아니었다. 어머니처럼 살고 싶지 않았다. 예쁘게 정돈된 집에서 우아한 홈웨어를 입고, 학교 끝나고 돌아오는 아이들에게 맛있는 간식을 만들어주고 싶었다. 어머니도 당신처럼 일인다역을 하며 힘들게 살지 말고 시집 잘 가서 편안하게 살라는 말씀을 자주하셨다.

　　어머니는 나와 두 남동생에게 대단한 사람이 되어야 한다고 요구하지 않으셨다. 자식들에게 거는 희망은 비록 소박하셨지만 우리 부모님의 최대 관심사는 항상 나와 동생들의 학교 성적이었다. 우리 성적표가 화려한 날은 세상을 다 얻은 듯 행복해하셨고, 무리하면서까지 외식을 시켜주셨다. 맏딸인 나는 부모님을 기쁘게 해드리기 위해 초등학교 때부터 공부를 열심히 했고, 그 결과 늘 성적이 좋았기에 언제나 부모님의 가장 큰 자랑거리였다. 인생의 여러 가치 중에서 학식에 가장 큰 비중을 두신 부모님 덕분에 나와 두 남동생(대학교수로 있는 큰 동생과 사업을 하는 작은 동생)은 무엇보다도 지적 능력을 높이는 일에는 시간과 돈을 아까워하지 않는다.

가정주부의 꿈을 버리고 유학을 결심한 건 대학 3학년 가을부터였다. 집에서 살림만 한다는 게 더 이상 매력적으로 보이지 않았고, 생화학이라는 과목에 흥미를 느껴 더 공부하고 싶었기 때문이다. 유학을 가려고 작정하니 영어준비가 바빴다. 매일 학교 가기 전에 종로에 있는 영어학원에서 새벽반을 수강하며 TOEFL, GRE 준비를 했다. 그런데 대학 졸업 후에 곧바로 결혼을 해서 남편과 일정을 맞추기 위해 바로 유학을 가지 않고, 대학원 생화학실 이상섭 교수님 지도학생으로 진학하여 석사과정중이던 1984년에야 미국 버지니아 주립공대 생화학과로 유학을 떠났다. 이상섭 교수님은 유학 가서 많이 배우고 오라고 격려해주셨고, 교수님의 격려가 유학 생활 내내 큰 힘이 되었다.

버지니아 주립공대 생화학과 대학원 커리큘럼에 '집중심화 생화학실습' 이라는 과목이 있었다. 여름 내내 하루 종일 생화학 실험을 하는, 글자 그대로 집중적인 실험과목이었는데 신입생이 수강하는 경우는 드물었다. 의욕과 자신감에 차 있던 나는 그 실험

과목을 수강 신청했다.

미국에 도착한 지 이틀째 되는 날부터 수업이 시작되었다. 그런데 어쩌면 이렇게 답답할 수가 있단 말인가. 교수님이 실험과정을 지시하시는데 뭘 어떻게 하라는 말인지 도무지 알아들을 수가 없어서 멍하니 서 있은 적이 한두 번이 아니었다. 시약이나 기자재 이름도 우리나라에서 발음하는 것과는 너무 달랐다. 예컨대 xylene을 크실렌이라고 배웠는데 미국에선 전혀 다르게 자일렌이라고 읽으니 말이다. (영어가 공용어가 된 점을 감안해서 우리나라 과학 교과서에 표기된 명칭을 영어식 발음으로 고칠 것을 제안하고 싶다.)

나 스스로가 무기력하게 느껴지고 자신감을 잃게 된 건 언어 문제만이 아니었다. 미국 학생들은 질문을 많이 했다. 선생님의 강의를 비판 없이 수용하는 데만 익숙해 있던 내게 그들의 질문은 너무나 신선했고, '아, 그렇게도 생각할 수 있겠구나' 싶을 정도로 창의적이었다. 그 학생들이 하나같이 나보다 우수해 보였고 난 기가 죽을 수밖에 없었다.

그러나 위기의식을 느꼈던 그해 여름이 내게 강한 자극제가 되었다. 학위도 못 받고 돌아갈 수는 없었다. 부단히 노력하는 방법밖에 없었기 때문에 정말 열심히 공부했다. 한 학기가 지나자 미국학생들이 내 노트를 빌려가기 시작했고 난 자신감을 되찾을 수 있었다. 유학 생활 첫 1년은 가장 힘든 시기였지만 실력을 쌓는 것만이 다른 사람들로부터 인정받을 수 있는 길이라는 당연한 사실을 일깨워준 소중한 시간이었다.

1년이 지난 1985년 여름, 남편은 자신의 전공인 통계학 프로그램이 버지니아 주립공대보다 더 좋은 아이오와 주립대학으로 전학하고 싶어했다. 나도 따라서 그 학교 생화학과로 옮겼다. 당시는 분자생물학이란 학문이 새롭게 부각되며, 여러 학문에서 분자생물학적 기법을 이용한 분자약물학, 분자독성학 같은 전공들이 생겨나기 시작할 때였다. 면역학자인 캐럴 워너 박사도 면역학에 분자생물학을 접목시키려 하고 있었고, 나는 분자면역학 주제로 면역에서 중심적 역할을 하는 MHC 유전자를 서로 다른 형의 근교계 닭(inbred chicken)들로부터 분리하고 차이점을 규명하는 프로젝트에 흥미를 느껴 워너 박사의 지도학생으로 들어갔다.

지도교수인 워너 박사는 스물넷에 박사학위를 취득한 아주 똑똑한 분으로 연구비가 생화학과 교수들 중 가장 많았고, 실험실 규모도 가장 컸다. 워너 박사는 학생들에게 양면성을 보여주었다. 잘하는 학생들에겐 더없이 자애로웠지만 결과를 잘 내지 못하는 학생들에겐 아주 엄격했다.

언젠가 워너 박사와 실험결과를 논의하던 중 열 살쯤 되던 그의 아들이 전화를 걸어 자기 피아노 연주를 들어보라고 했다. 그는 지금은 바쁘니까 나중에 전화하라며 끊지 않고, 내게 잠시 양해를 구하고 3분 정도를 들은 후 "정말 잘했다, 들려줘서 고맙다, 너 같은 아들을 두어 행복하다"고 말했다. 난 감동했다. 나 또한 워너 박사처럼 좋은 과학자뿐만 아니라 좋은 엄마가 되고 싶었다.

미국 대학의 대학원은 석박사 통합과정이 흔하다. 2년이 지나 자격시험을 보고 통과하면 석사학위 없이 바로 박사 프로그램으로 갈 수 있다. 그래서 미국에서 유학한 사람들 중에는 나처럼 석사학위가 없는 경우들이 있다. 아이오와 주립대학의 경우는 독특한 자격시험 제도가 있었다. 대학원에 들어가자마자 매달 한 번씩 Cumulative exam(줄여서 Cum이라 부름)이라는 시험을 보는데, 20번의 시험 중 6번을 통과해야 하는 것이다. 그런데 정작 괴로운 건 매달 어떤 분야에서 문제가 나오는지 모르기 때문에 '시험공부'를 할 수가 없다는 거였다. 평소에 생화학 전 분야에 대한 실력을 쌓아야 된다는 좋은 취지의 제도지만, 학생들에겐 2년간 매달 정기적으로 스트레스를 주었다.

Cum을 통과하고 나니 여유가 생기고 안정이 되었다. 그 무렵 친구들이 하나둘씩 애기 사진을 보내왔다. 부럽기도 하고 이렇게 공부하고 실험만 하다가 애기를 낳지 못하면 어쩌나 하는 걱정으로 결국 학위과정 중에 임신을 했다. 워너 박사에게 그 소식을 전했을 때의 표정을 잊을 수가 없다. 활짝 웃던 얼굴이 금세 일그러지며 '이거 어떡하나' 하는 표정이었다. 그땐 몹시 서운했는데, 세월이 한참 지나 내가 지도교수로서 대학원생의 임신 소식을 들었을 때 그 심정이 이해되었다. 새 생명의 잉태는 인생에서 가장 고

귀한 일 중 하나고 축하할 일이지만, 고된 박사과정에서 임신 기간을 잘 넘겨낼 수 있을까 하는 걱정이 앞서기 때문이다.

그러나 워너 박사는 참 많은 배려를 해주셨다. cDNA 라이브러리 스크리닝 실험에서는 방사성 동위원소를 사용하는 부분을 테크니션에게 시켜주셨다. 덕분에 한 학기도 휴학하지 않고 아이를 낳고 공부를 계속할 수 있었다. 내 지도학생 중에도 학위를 하면서 동시에 임신과 출산을 마친 학생이 몇 명 있다. 생명과학 분야 학위과정 중에 임신하고 출산하는 것이 물론 쉬운 일은 아니지만 지도교수와 주위 사람들의 이해와 배려, 그리고 본인의 의지가 있으면 충분히 가능한 일이다.

정작 임신 기간보다 더 힘들었던 건 아이 낳고나서였다. 큰딸 민영이는 유난히 잠이 없었다. 낮엔 베이비시터에게 맡기고 저녁 때 찾아왔는데 밤에 도무지 잠을 자지 않았다. 더구나 그 학기에 나는 강의조교(teaching assistant)를 맡아 생화학실습 조교를 했다. 조교지만 실험만 가르치는 게 아니라 1시간 정도의 이론강의까지 해야 했다. 강의할 내용을 영어로 다 쓰고 외웠는데 1시간 분량이 엄청났다. 시약 준비하랴, 그런 식으로 강의 준비하랴, 밤에 아이 보랴, 정말이지 중노동이었다. 얼마나 힘들었는지 임신 중에 어마어마하게 불었던 체중이 한 학기 만에 원래 체중으로 돌아왔다.

1989년 여름, 이례적으로 빠르게 4년 만에 박사학위를 받았다.

학위를 빨리 받아 귀국하고 싶었던 것은 민영이 때문이었다. 1988년 가을 워너 박사가 보스턴으로 옮기면서 나도 그리로 따라가 논문실험 마무리를 해야 했는데, 민영이를 보스턴으로 데리고 가기가 힘들어서 한국에 있는 시부모님께 1년만 봐달라고 부탁을 드렸던 것이다. 워너 박사는 이러한 내 사정을 이해하고 4년 만에 박사학위를 받도록 지원해주셨다.

내 상황 때문에 서둘러 학위를 받고 귀국했지만 사실 박사학위를 빨리 마치는 게 결코 좋은 것은 아니다. 가능하면 박사과정 중에 많은 것을 훈련받고 많은 실적을 내는 것이 정말 중요하다. 포스트닥터도 미국에서 했으면 좋았으리라는 아쉬움이 남지만 당시 내겐 아이와 가정이 일보다 더 중요했다. 가정과 직업 사이에서 이러한 갈등을 느낀 사람이 어디 나뿐이랴. 대부분의 전문직 여성들이 모두 한두 번은 경험하였을 것이다.

생명공학연구원 포스트닥터를 거쳐 식품의약품안전청 국립독성연구원 생화학약리과에 연구관으로 근무하다가 1995년 3월에 덕성여자대학교 약학대학 생화학 담당교수로 부임했다. 우리 학교는 교수들의 강의 부담이 많은 편이다. 약품생화학, 약품미생물학, 분자생물학, 약품생화학실습, 약품미생물실습까지 다섯 과목을 맡아서 처음 1년간은 강의준비에도 하루 24시간이 모자랄 지경이었다.

그렇다고 연구를 소홀히 할 수도 없었다. 연구비가 시급했다.

연구비를 따려면 논문을 써야 했고 논문 발표를 위해서는 실험을 해야 하는데 당시 내겐 대학원생도 기자재도 없었다. 하는 수 없이 방학 때마다 다른 대학에 가서 실험을 해야 했다. 서울 시내 대학들뿐 아니라 부산대학까지 가서 실험을 했다. 그 실험실 대학원생들과 같이 실험하고 점심도 함께 먹고 했으니 아마 교수처럼 보이지도 않았을 것이다. 몸이 고단했다. 더욱이 귀국 후 낳은 둘째 딸 민지가 어렸을 때라 더 힘들었다.

어찌 보면 그렇게 억척스럽게 하지 않았더라도 대학교수직을 수행하는 데는 큰 문제가 없었을지 모른다. 그렇지만 박사학위 받은 수많은 사람들 중 내가 대학에 자리를 잡았다는 것, 특히 여성에게 절대적으로 불리한 과학 분야에서 대학교수가 되었다는 것은 당시로선 커다란 행운이었다. 나는 내게 주어진 은혜를 누구보다도 잘하는 강의나 연구로 보답하고 싶었다. 또한 무엇보다도 내스스로 그 자리에 있을 만한 사람이라고 여길 수 있는 당당한 자신감을 갖고 싶었다. 그 자신감은 내 손으로 직접 쌓아올린 경험일 때에야 비로소 가질 수 있는 것이다.

처음에는 박사학위 전공인 분자면역학 분야를 연구했다. 하지만 동물연구 시설이 완전히 갖춰지지 않은 우리 학교에서 근교계 쥐(inbred mice)를 사용하는 일이 많은 면역학 연구를 계속 수행하긴 어려울 거라고 판단했다. 결국 식품의약품안전청에 있을 때부터 관심을 갖기 시작한 암전이 연구로 방향을 틀었다.

지금까지도 계속되고 있는 내 연구는 1997년 여름 미국 웨인 주립대학 의대 교수로 있는 내 대학 시절 단짝 친구 최형례 교수 실험실에 교환교수로 한 달간 가 있으면서 본격적으로 시작되었다. 같은 대학의 첸 박사로부터 MCF10A라는 유방상피세포주에 활성화 변이형 종양유전자 H-ras, N-ras가 들어가서 암화된 H-ras MCF10A, N-ras MCF10A 세포주를 받아 두 세포주의 암전이 활성을 비교해보았다. 흥미롭게도 H-ras는 전이능력을 유도하는 데 반해 N-ras는 전혀 유도하시 않았다. 그때부터 지금까지 내 연구실에서는 H-ras와 N-ras에 의해 다르게 유도되는 전이능에 관한 분자적 기전 연구를 해오고 있다. 유방암 발병률은 날로 증가추세에 있는데, 유방암 치료를 가장 어렵게 하는 것이 바로 전이다. 우리 연구실은 지난 8, 9년간의 유방암 전이 기전연구를 바탕으로 2005년 최우수실험실로 선정되어 '유방암 전이제어를 위한 바이오신약 타깃발굴 연구'를 수행하고 있다.

　　암연구 분야에서 트레이닝을 받을 기회가 없었던 난 최형례 교수로부터 많은 걸 배웠다. 가장 친한 친구인 동시에 스승이 된 것이다. 이 글을 쓰면서 나는 참 인복이 많은 사람이란 걸 새삼 느낀다. 친정부모님으로부터 기대와 사랑을 넘치게 받아왔고, 남편과 시부모님도 내 일을 전폭적으로 지원해주신다. 또 민지가 태어나면서부터 집안일을 돌봐주시는 이모님 덕분에 지금까지 직장 일을 제대로 할 수 있었다. 대학원생들도 꾸준히 좋은 학생들이 왔다. 만족할 만한 좋은 결과를 얻기 위해서 밤낮없이 실험하고 있는 우리 학생들의 노력으로 최우수 국제저널에 많은 논문을 발표할 수 있었다.

대학원에 관심 있다며 찾아오는 학생들에게 나는 자신의 함량을 높이기 위해 힘든 일을 마다하지 않을 각오가 되어 있는지를 묻는다. 그저 석사 또는 박사학위를 목적으로 대충 시간 때우면서 '쉽게' 대학원 생활을 하려고 하는 학생은 노 땡큐다. 어려운 환경이라고들 불평한다. 그러나 이겨내지 못할 어려움은 없다. 지능지수(IQ), 감성지수(EQ)에 이어 요즘 가장 중요하게 여겨지는 건 역경지수(AQ: Adversity Quotient)다. 살면서 얼마나 많은 장애물을 극복했느냐가 사람을 평가하는 가장 큰 척도가 되는 것이다. 나는 어려서부터 머리가 뛰어나다는 생각을 한 번도 한 적이 없다. 하나님은 노력하지 않고도 성취해낼 수 있는 뛰어난 천재적 재능을 나에게 주지 않으셨고, 그렇기 때문에 난 게을러질 수가 없었다. 부단히 자신을 채찍질하며 노력할 수밖에 없었다.

그러나 그리 길지 않은 인생, 마음까지 고달픈 쓰디쓴 노력의 연속이어선 안 될 것이다. '천재는 노력하는 사람을 이길 수 없고, 노력하는 사람은 즐기는 사람을 이길 수 없다'고 한다. 노력을 하되 즐기면서 하는 것이 필요한 것이다. 내가 연구를 좋아하는 이유는 연구가 애쓴 만큼 달디단 성취를 안겨주기 때문이다. 과학 분야 연구에서 반드시 갖춰야 할 또 하나의 덕목은 integrity다.

우리말로 표현하긴 어려운데 '정직, 윤리, 도덕, 성실성'을 합한 개념이다. integrity가 없다면 아무리 지능이 뛰어나고 의욕이 넘쳐도, 실험으로 증명된 사실에 입각하여 결과를 도출해야 하는 과학자로서는 전혀 자질이 없는 사람이다.

여성이 과학을 하는 데는 여전히 많은 어려움이 따른다. 여자라서 힘든 일 못한다는 편견을 극복해야 하고, 아직까지도 남아 있는 '같은 값이면' 남성을 채용하는 식의 남성위주의 사회적 정서에도 대비해야 한다. 그러기 위해서는 우리 스스로 뛰어난 전문지식과 기술로 무장한 실력가가 되어야 한다. 밤늦게까지 실험실을 지키며 고된 일을 마다하지 않아야 하고, 무슨 일이 있어도 맡은 일을 해내는 책임감과 근성이 필요하다. 사실 과학을 하는 데 있어 여성의 특징인 섬세함과 치밀함은 큰 강점이 될 수 있다. 또 전문직 여성으로서 업무를 수행할 때, 구성원들 간의 화합을 이끌어내는 조화로운 균형감각 역시 일반적으로 여성이 더 우수하지 않을까 생각한다. 우리나라 과학계를 이끌어 나갈 많은 여성과학자가 배출되기를 바라면서 이 글을 맺는다.

문정림
Moon Jeong-Lim

가톨릭대학교 의과대학 재활의학과 교수

1986년 가톨릭대학교 의과대학을 졸업하고, 1992년 의학박사학위를 취득하였다. 1991년 이후 가톨릭의대 교수직에 있으며, 현재 가톨릭의대 재활의학교실 교수로 재직하고 있다. 1998년 하버드의과대학 부속 재활병원 및 소아병원에서 소아재활을 연수하였고, 소아재활 분야에서 진료 및 교육, 연구를 담당하고 있다. 특히 뇌성마비를 비롯한 운동발달 장애 및 다운증후군을 비롯한 정신지체와 언어발달 장애 등 다양한 발달 장애 아동의 조기진단 및 재활치료와 연관된 교육, 진료, 연구를 하고 있다. 주요 연구실적으로는 〈뇌성마비에서 뇌손상의 시기와 원인 추정〉 등 소아재활 분야 중심의 논문 50여 편이 있다. 소아재활학회 활동과 함께 서울시의사회 학술이사, 한국여자의사회 공보차장, 대한재활의학회 홍보위원 등 대외활동을 해왔으며, 2006년 대한의사협회 유공회원 표창을 받았다.

장애 아동은 내 연구의 힘

임상의사로서 과학에 임하는 방법

재활의학을 전공하는 임상의사로서 과학에 임하는 방법은, 기초의학이나 순수과학을 전공하는 과학자와는 다소 차이가 있다. 내 전공 분야는 임상의학 가운데 재활의학, 특히 소아재활이다. 재활의학은 다양한 경우의 환자를 돌보고 있지만, 특히 장애인을 주 대상으로 하는 학문이다. 즉 선천적·후천적 장애로 인하여 식사하기, 옷 입고 벗기, 용변 처리, 이동 동작 등 일상생활 동작 수행이 어려워지거나, 지적 기능의 저하로 의사소통, 사회활동 등의 기능을 소실했을 때 최대한 정상기능에 가까운 기능 회복이 이루어지도록 재활치료를 수행하며, 최종적인 장애가 남았을 때는 이러한 장애를 가지고 어떻게 독립적인 인간으로 살아갈 것인가를 제시해주는 학문이다.

따라서 질병의 치료뿐 아니라 한 인간의 기능 소실 후 기능 회복과 함께 독립적인 인격체로서의 자립을 위해 의학적인 모든 방법, 즉 약물치료와 물리치료, 작업치료, 언어치료, 특수교육, 인지기능 향상을 위한 훈련, 사회적응 훈련 등의 포괄적인 재활치료를 수행한다.

소아재활은 나의 전공 분야

재활의학은 뇌 손상 및 뇌졸중, 척수 손상, 신경근육 계통 병변, 골관절 계통 병변, 소아발달 장애 등 다양한 분야로 나누어지는데, 그 가운데 나는 소아재활 분야를 전공한다. 소아재활의 진료 분야는 다음과 같은 일을 수행하고 있다.

먼저 뇌성마비 등 운동발달 장애에 대하여 운동발달 연령 평가 및 운동형태의 이상에 대한 평가, 원시반사 및 자세반응의 평가 등 신경학적 진찰을 시행하여, 뇌성마비 및 운동발달 장애를 조기에 진단하고 신경생리학적 조기치료를 시행한다. 뇌성마비의 경직으로 인한 운동발달 이상이 있는 경우, 이에 대한 약물요법, 주사요법, 보장구 장착 등의 방법으로 운동기능을 개선하며, 관절 변형이나 관절 구축, 심한 근육 긴장도의 이상에 대한 수술적 치료를 안내한다.

또한 뇌성마비 환자가 정신지체나 언어발달 장애를 동반한 경우에는 교육방향과 언어 치료 등 치료 방향을 제시한다. 이러한 방법으로 뇌성마비 아동의 정상적인 발달과 성장을 유도하여, 독립적 인격체로서 일상생활을 수행하고 최대한의 학업 수행과 직업적 독립이 이루어질 수 있는 성인으로 성장하게 돕는다.

뇌성마비 이외에 중추 및 말초신경 질환 및 근육계 질환, 골관절 계통 질환이나 외상으로 인한 운동발달 장애에 대하여는 진찰 및 단순 방사선검사, 자기공명영상 등 특수촬영, 근전도검사, 근육 효소치검사, 근육 생검 등의 검사를 통하여 감별진단을 시행하고, 이에 대한 확진이 이루어진 후 운동발달 장애에 대한 물리치료 및 보조기 등을 처방하며, 운동기능에 대한 예후를 설정하여 예후를 개선시키기 위한 포괄적 재활방향을 제시한다.

또한 다운증을 비롯한 정신지체, 주의력 결핍 과잉행동 장애, 자폐증, 언어발달 장애를 동반한 아동의 경우, 발달지연 및 발달 이상의 평가와 함께 특수교육, 언어치료, 약물치료, 행동치료 등 발달장애 아동의 재활방향을 설정하고, 재활치료와 함께 꾸준한 추적을 통하여 인지기능 및 언어기능의 개선을 유도한다.

소아재활과 나의 연구 대상 및 방법

소아재활을 전공하는 임상의학자로서 내 연구 분야는 이러한 진료 분야와 연결되어 있다. 즉 '뇌성마비 아동의 조기진단을 위해서는 어떠한 신경학적 방법이 유용한가?', '뇌성마비 아동의 조기진단을 통하여 장애를 얼마나 최소화할 수 있을 것인가?', '뇌성마비의 조기 치료방법으로는 어떠한 것들이 유용한가?', '뇌의 특수촬영 등을 통하여 뇌손상 시기와 뇌성마비 원인의 관련성을 추정할 수 있는가?', '뇌성마비의 유형에 따라 뇌 자기공명영상 소견을 추성할 수 있는가, 혹은 뇌 자기공명영상 소견을 통하여 뇌성마비의 유형을 추정할 수 있는가?', '뇌성마비의 운동기능에 대한 예후를 어떻게 추정할 것인가?' 등의 질문을 가지고 지속적으로 이에 대한 연구를 수행하여 왔다.

이러한 연구는 진료실에서 장애 아동을 가진 부모들의 질문으로부터 시작되었다. 즉 재활의학 외래에서 뇌성마비 아동의 보호자에게 "이 아기는 뇌성마비입니다" 혹은 "뇌성마비를 동반하여 치료가 필요합니다"라고 진단 결과와 치료의 필요성을 말씀드리

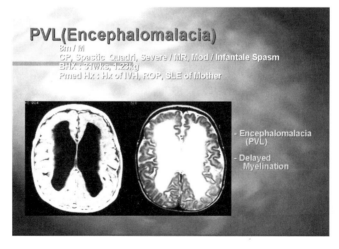

뇌성마비 환아의 자기공명영상

면 가장 흔히, 그리고 가장 먼저 듣게 되는 질문이 "걸을 수 있겠습니까?", "과연 언제 걷겠습니까?" 하는 것이었다. 간단한 이 한 가지 질문에 답하기 위해 연구가 시작된 것이다. 이 질문에 답하기 위해서는 다음과 같은 가실과 연구방법이 필요했다.

뇌성마비는 미성숙한 뇌에 생긴 비진행성 운동이나 자세 이상이다. 따라서 보행 및 상지기능에 대한 예후를 추정하기 위해서는 뇌성마비의 장애 정도를 객관적으로 정확히 파악하여야 하는데, 동반된 인지기능 저하나 언어장애 등의 유무 및 정도 역시 향후 독립생활에 대한 예후에 영향을 미치게 된다.

그렇다면 보행에 대한 예후는 어떻게 추정할 것인가? 그것은 뇌성마비의 진단 시점에서 현재의 '자발적 운동상태', '원시반사와 자세반사' 등 신경학적 진찰을 통한 이학적 검사와 '언제 앉았는가' 하는 운동발달상의 기왕력을 통해, 그리고 '이학적 검사와 기왕력' 등을 종합하여 내리게 되는 '뇌성마비의 진단'에 따라 달라질 것이다. 아울러 진단 후 부모님에게 조기 치료의 가능성을 강조하게 되는데, 실제로 '치료를 시작한 연령'이 언제인가에 따라 보행 여부 및 보행 시작 시기가 달라질 것이다. 이러한 가설에서 다음과 같은 연구방법을 실시하였다.

첫째, 자발적 운동상태를 평가한다. 현재의 운동발달 연령이 생활연령과 비교하여 어느 정도의 수준인가 하는 운동지수가 보행 여부 및 보행 시작연령을 추정하는 데 도움이 될 것이란 가설에서 출발한 연구방법이다.

둘째, 원시반사 및 자세반사를 평가한다. 원시반사는 정상 신생아에서 존재하다가 생후 수개월 내에 빠르게 사라지는데, 원시반사가 지속되면 중추신경계의 기능 이상을 시사한다. 또한 자세반사는 신체의 위치 변화에 따라 공간 내에서 자세를 유지하는 반사이다. 정상에서는 중추신경계가 성숙함에 따라 원시반사는 감소되고 자세반사는 증가되면서 이에 따른 일정한 운동능력이 생기게 된다. 그러므로 원시반사와 자세반사의 존재 여부가 뇌성마비의 보행능력에 대한 예후 추정에 도움이 될 것이란 가설에서 출발한 연구방법이다.

셋째, 혼자 일어나 앉기 시작한 연령을 확인한다. 뇌성마비 아동의 경우 고개 가누기, 뒤집기, 일어나 앉기, 붙들고 서기, 걷기 등 전반적인 운동발달이 지연될 수 있지만, 특히 일어나 앉기 영역부터 심한 운동발달 지연이 많다는 임상 경험에서 출발하여, 혼자 일어나 앉을 수 있는 능력이 보행에 대한 예후에 영향을 미칠 것이란 가설에서 출발한 연구방법이다.

넷째, 이학적 검사를 통하여 결정되는 뇌성마비의 신경운동형 및 사지의 이환상태에 따라 뇌성마비의 진단상 분류를 결정한다. 즉 뇌성마비 경직성 편마비, 경직성 양하지 마비, 경직성 사지마비, 혼합형 사지마비, 불수의 운동형 사지마비 경우 등 신경유형별로 그리고 사지의 이환 여부 및 중증에 따라 보행의 연령이 달라진다는 임상경험을 가설로 이용한 연구방법이다.

다섯째, 환자의 치료 시작 시기를 확인한다. 생후 초기, 특히

1세 이전의 신생아 초기에 물리치료를 시작하였던 경우가, 후기에 치료를 시작한 그룹보다 보행 시작연령이 빠르다는 임상 경험을 가설로 이용한 연구방법이다.

여섯째, 물리치료 외에 인지, 언어, 사회성 발달을 도와주는 방법이 함께 행해졌는가의 여부를 확인한다. 전반적 발달기능 향상을 위한 이러한 치료방법이 함께 시행되었을 때, 운동능력에 대한 예후도 좋아져 보행 시작연령이 빨라지게 된다는 임상경험을 가설로 이용한 연구방법이다.

소아재활 분야에 있어, 내 연구의 중요성과 지속성

뇌성마비의 보행기능이나 예후에 대한 연구가 환자 보호자의 질문에서 출발하였다면, 이러한 연구가 과연 중요한 연구과제인가에 대한 답은 다음과 같다.

보행기능이 뇌성마비 아동에게 중요한 이유 중 하나는 성인이 되었을 때 독립생활 및 취업에 대한 하나의 인자가 될 수 있기 때문이다. 즉 외출 시 이동능력에 있어 독립성을 유지하고, 양손의 기능이 양호하며, 불수의 운동형보다는 경직형 뇌성마비의 경우에는 정규적으로 학교를 마치고 고등학교를 졸업하였으며, 대도시보다는 소도시에 거주하는 경우에서 독립생활에 대한 예후가 좋을 것으로 생각된다. 운동능력 같은 신체적 조건과 함께 교육 및 사회적 인자가 뇌성마비 아동이 성인이 되었을 때의 독립생활에 영향을 미치리라 생각되는 것이다.

따라서 뇌성마비의 보행에 대한 예후 추정의 중요성은 초기 진단 시 환아의 부모에게 환아의 상태를 설명하여 치료에 협조를 구하는 데 있으며, 예상되는 최종 운동발달 상태에 맞춘 기능적 목표를 설정하여 포괄적 재활치료가 이루어지도록 하는 데 있다. 즉 뇌성마비를 조기에 진단하여 치료를 시작함으로써 실제 환아의 기능적 운동발달 목표에 맞추어 치료가 이루어지도록 하고, 치료의 시작 시기, 치료 방법, 치료 횟수, 교육, 가족 및 사회의 협조, 건강상태 등 환아의 보행을 비롯한 운동능력과 환아의 독립상태에 영향을 미치는 요인에 대한 의료인과 환자, 보호자의 협조를 얻도록 함으로써 보행 및 독립성에 대한 예후를 최대한으로 높이고자 하는 데에 뇌성마비의 예후 추정에 대한 연구의 중요성이 있다고 생각해 왔다.

이러한 연구를 위해서는 뇌성마비 아동의 의무기록과 뇌 자기공명영상 소견을 비롯한 뇌 특수촬영 등의 지속적인 검토와 자료 정리가 필요하다. 또한 뇌성마비 아동의 경우, 1세 이전이나 빠르면 출생 직후부터 뇌성마비 가능성에 대한 조기진단을 받고, 보행을 시작할 때까지 혹은 운동기능 및 전반적 발달상태가 최대한 개선되는 초등학교 입학 정도의 연령까지 장기적인 추적을 요한다. 이를 위해서는 지속적으로 아동을 진찰하고 돌보아야 하며, 그러기 위해서는 보호자와의 꾸준한 접촉이 필요하다.

소아재활 분야의 연구는 장애 아동과 보호자를 위한 것

뇌성마비를 비롯한 발달장애 아동의 경우, 초기에 진단을 받아들이는 가족의 입장에서는 부정의 감정과 함께 슬픔, 두려움, 장애 원인에 대한 투사나 분노, 죄책감 등의 복합적인 감정을 나타낸다. 따라서 장애를 진단하는 시기에 조심스러운 태도로 장애를 설명하고, 현재의 상태를 객관적으로 설명하되, 아동의 예후를 최대한 개선시킬 수 있는 방안을 지속적으로 안내한다. 또한 장애의 종류와 장애의 정도, 예후 설정을 위한 정확한 지식과 함께 인내심, 신앙, 혹은 환자 보호자와 공감대를 형성할 수 있는 좋은 관계를 갖도록 지속적으로 노력해야 한다.

이러한 방법을 통하여 뇌성마비를 비롯한 아동의 발달장애를 진단하고 치료하였으며, 치료 후 추적을 통한 예후 등 객관적인 연구결과는 논문으로 제시하였다.

뇌성마비의 조기진단 및 치료 못지않게 중요한 것은 뇌성마비를 비롯한 장애를 최소화하기 위한 조기진단 및 장애 예방에 대한 교육과 계몽이다. 이를 위해 연구, 교육, 진료 과정 중에 장애 아동의 모습을 증례로서 제시하거나, 책자와 영상물에 담아야 할 필요성이 있는 경우가 있다. 하지만 장애는 일반적인 질병과 달리 장애를 가진 사람이나 가족에게 있어서 숨겨야 할 부분, 혹은 부끄러운 부분으로 인식되어, 장애 아동이나 보호자는 진단이나 치료 과정의 모습을 보이지 않으려 한다. 따라서 연구과정 중에 이러한 기본적인 사생활 침해가 발생하지 않도록 환자와 보호자에 대한 세심한 배려가 필요하다.

일반적으로 과학은 실험실이나 연구실에서 이루어지지만 나에게 있어서는 진료실이 바탕이 된다. 장애 아동을 진단하기 위해 아동의 운동상태를 진찰하고, 장애 원인을 확인하고자 부모의 기왕력에 대해 자세히 청취하며, 장애 원인과 장애상태에 대한 검사실에서의 여러 가지 검사를 종합한 결과, 그리고 아동이 자라나 최종적인 장애상대가 최대한 개선되기까지의 모습을 요약한 것이 나에게는 연구결과이자 과학의 방법이 되는 것이다.

소아재활 분야의 연구는 진료, 교육, 사회 활동과 조화를 이루어야

나는 과학의 윤리가 실험실에서의 정확성과 정직성뿐 아니라 환자와의 관계에 있어 의사의 윤리를 담고 있다고 생각한다. 의사의 윤리는 임상의학자로서 항상 최신의 지식과 기술을 습득하고 이를 장애 아동의 증례에 맞게 잘 적용하여 최대한 좋은 발달상태를 얻게 해야 한다는 의무 이외에, 아동에게나 부모에게 실망보다는 희망을, 슬픔보다는 기쁨을 주어야 한다는 현장의 경험을 담고 있다. 뿐만 아니라 재활치료를 위해서는 오랜 시간의 치료 및 교육을 위해 많은 비용이 요구되므로 환자에게 최선의 치료를 안내하고 권해야 한다. 또한 이러한 치료가 가능한 사회적 보장 장치가 마련되도록 사회활동에 참여할 필요성을 느끼게 된다.

따라서 나는 소아재활학회 활동뿐 아니라 여러 의사회 내에서의 활동과 대국민 정보 제공, 그리고 소아발달 장애에 대한 적절한 정책이 이루어지도록 하기 위한 활동 등을 지속적으로 해왔다. 대부분의 과학자는 연구실이나 실험실에서 최상의 실적을 얻겠지만, 나에게는 진료실뿐 아니라 의사회, 또는 정책 및 입법 활동을 하는 단체와의 만남을 비롯한 사회활동 자체가 궁극적으로 임상의학자로서 과학을 하는 공간이 된다. 임상의학자로서의 연구는 진료와 교육이 함께 어우러져 삼위일체가 될 때, 더욱 효과적으로 이루어질 수 있는 것이다.

박 매 자
Park Mae-Ja

경북대학교 의과대학 교수

1985년 경북대학교 의과대학을 졸업하고 동대학원에서 1990년에 '고립로 핵(nucleus tractus solitarius)에서 신경전달물질의 분포 및 이들 물질 함유 신경세포의 형태학적 특징'에 관한 연구로 박사학위를 받고, 모교의 교수가 되었다. 1991년부터 2년간 텍사스 주립의과대학의 해양생물의학연구소에서 신경해부학 분야의 박사후연구원 과정을 거쳤고, 이후 약 7년간 스웨덴 카롤린스카 연구소와 스페인의 알칼라 데 에나레스 대학교에서 전자현미경을 이용하여 신경경로에 관한 연구를 하였다. 1997년 미국 국립암연구소에서 *Xenopus laevis*를 이용한 척추동물의 초기발생 기전에 대한 연구로 연구주제를 바꾸면서 1999년에는 일본의 니가타대학에서 조교수로 근무하였다. 이후 지금까지 척추동물의 내배엽 형성 기전에 관하여 연구하고 있다. 2004년 대구경북여성과학기술인회 창립회원으로 참가한 후, 과학문화 확산사업에도 관심을 갖고 활동하고 있다.

사람이 어떻게 생겨나는지 알고 싶었던 여학생의 꿈

학창 시절

내가 초·중·고등학교를 다니던 시절에는 지금처럼 책이 흔하지 않았지만, 내 주변에는 그런대로 책이 많았다. 그중에서 지금도 기억에 선명한 것은 노벨 문학상 수상 작품들과 세계 위인전 등이다. 미래에 대한 기대와 희망으로 가득 차 있던 순진한 소녀에게 위인들의 삶과 노벨상 수상자의 이야기는 인생의 방향을 결정하는 중요한 역할을 하였다. 그중에서도 유일한 박사와 퀴리 부인은 내 삶의 귀감이었고, 내 삶의 목표는 정직하고 성실하며 애국심으로 가득 찬 위대한 과학자였다.

하지만 꿈을 먹고 살던 시절인지라, 《15소년 표류기》와 《잉카문명 보고서》 같은 책을 읽으면서는 모험으로 가득 찬 고고인류학자의 삶을 꿈꾸기도 했고, 음악을 들으면 음악가가 되어 예술가의 삶을 살고 싶기도 했다. 그러나 고등학교에서는 이과를 선택했고, 제2외국어는 독일어를 선택했다. 독일어 선생님이 무섭다는 소문은 들었지만, 과학자는 당연히 독일어를 해야 하는 줄 알았기 때문이었다. 대학에 갈 무렵에는 존경하는 오빠가 치과대학을 다녔기 때문에 당연히 의대나 치대 중에서 선택하려고 했는데, 팔힘이 없어서 이를 빼기가 힘들 것이라는 생각에 의대를 지원했다.

대학에 다니면서 빳빳하게 풀 먹인 흰색가운을 입고 수업에 들어오시는 교수님들을 보면서는 무조건 교수가 되고 싶었다. 내가 대학에 남기로 결심하고 부모님께 말씀드렸을 때, 어머니는 "세 사람이 길을 가면, 반드시 나의 스승이 있다(三人行 必有我師焉)"라는 공자의 말씀을 평생 간직하라고 당부하셨다. 지금은 교수라는 직업이 흔해져서 이른바 전문직의 하나에 불과하지만, 부모님은 유교적인 가치관을 가슴 깊이 간직한 분들이라 교수라는 직업을 대단히 높이 평가하셨던 것 같다. 대학교수로 살아오면서 오류도 많았고 힘든 일과 좋은 일도 많았지만, 어머니의 말씀을 항상 깊이 간직하며 내 이익을 앞세우지 않고 정도(正道)를 걷고자 노력했다.

대학 졸업 후에는 해부학교실에서 석사과정을 하면서 조교를 했다. 당시만 해도 의과대학 기초교실의 연구와 실험은 지금처럼 활성화되지 못했다. 나는 새로운 것을 탐구하는 과학자의 길을 꿈꾸었는데, 그 생활은 내 꿈과 너무 동떨어진 것이어서 자꾸만 회의가 생겼다. 게다가 동기들은 전부 임상을 하는데 나만 기초교실에 있자니 외롭기도 했다. 결국 임상의의 길을 걷기로 하고, 한림대학교 부속병원에서 동기들보다 2년 늦게 인턴 생활을 시작했다. 인턴 생활은 육체적으로는 힘들었지만 같은 상황에서 정신없이 일하는 동기들이 있었기에 정신적인 스트레스는 없었다. 하지만 정신적으로 편안해지니까 기계적으로 돌아가는 생활에 다시 회의가 생겼다. 결국 임상은 언제든 다시 할 수 있다는 생각으로 어릴 적 꿈을 좇아 다시 기초교실로 돌아오게 되었다.

나는 고립로핵(nucleus tractus solitarius)에서 신경전달물질의 분포 및 이들 물질 함유 신경세포의 형태학적 특징에 관한 연구로 박사학위를 받고, 1990년에 모교의 교수가 되었다. 그리고 은사이신 생리학 교실의 이원정 교수님 소개로 텍사스 주립의과대학의 해양생물의학연구소에서 신경해부학 분야의 박사후연구원 과정을 거쳤다. 이후 약 7년간 전자현미경을 이용하여 신경경로에 관한 연구를 하면서, 노벨의 나라인 스웨덴 카롤린스카 연구소와 스페인의 알칼라 데 에나레스 대학교에 가서 공부하기도 했다.

특히 카롤린스카 연구소에서의 경험은 미국과는 다른 연구태도와 연구제도, 그리고 연구소 운영방식이 매우 인상적이었다. 기초의학을 선택한 의사가 파트타임으로 임상수련의 생활을 병행하면서 연구를 계속할 수 있었는데, 이런 제도가 우리나라에도 있었다면 나를 포함한 대한민국 의사들이 기초의학을 선택할 때 깊은 고민에 빠지지 않아도 되었을 것이다.

또한 연구에 쓰이는 오래된 기계와 설비가 잘 정비되어 활용되고 있었는데 정말 가슴 깊이 느끼는 바가 많았다. 이외에도 자원을 알뜰하게 아껴 쓰고, 자기 개인의 살림처럼 합리적으로 운영하는 사회 시스템과 국민들의 의식수준은 우리나라가 지향해야 할 가치로 여겨졌다. 이러한 체험 덕분에 훗날 연구소나 대학을 운영하게 된다면 미국식보다는 유럽, 그중에서도 카롤린스카 연구소와 병원의 운영방식을 지침으로 삼겠다고 생각하게 되었다.

스페인에서 돌아온 후, 나는 심각한 고민에 빠졌다. 내가 연구하는 분야의 의미와 전망, 그리고 이 연구가 나의 의문과 호기심에 얼마나 답해 줄 수 있는지 조용히 생각해보았다. 요컨대 내가 주로 사용하던 형태학적 연구 방법은 내가 진정으로 알고 싶어하는 생명현상을 해명하는 데 한계가 있었고, 이것이 내가 당면한 문제였다. 사실 나는 의과대학 1학년 때 발생학을 배우면서 사람의 발생과정을 흥미롭게 생각했고, 그 과정이 어떻게 조절되는지가 무척 궁금했다. 즉 어떻게 그 작은 난자라는 하나의 세포에서 개체가 만들어질 수 있는가? 어떤 기전으로, 그리고 어떤 물질이 사람을 만들고 성숙시키는지, 또 병을 만들고, 회복시키고, 재생시키는지 알고 싶었다. 그러나 전통적인 해부학 연구방법으로는 이러한 의문을 해결할 수 없다는 결론에 도달했다.

결국 나는 10년 남짓 투자한 신경과학의 형태학적 연구를 과감히 정리하고, 1997년 미국의 국립암연구소(NCI: National Cancer Institute)에 가서 남아프리카산 발톱달린 개구리(*Xenopus laevis*)의 초기발생 과정을 새로 연구하게 되었다. 전자현미경을 이용한 형태학적 연구만 하던 사람이 갑자기 유전자 연구를 하는 것은 완전히 새로운 또 하나의 시작이었지만, 당시 나는 밑바닥부터 시작하는 일에 자신이 있었다. 처음에는 제한효소의 이름조차 읽을 수 없었고, 기초적인 실험기술을 이해하는 것 또한 지구인이 갑자기 화성에 뚝 떨어진 것처럼 당황스러운 일이었지만, NCI 시절부터 알게 된 김재봉 박사가 많은 의지가 되고 도움이 되었다. 아무리 어려운 길이라도 친구와 같이 가면 그 어려움도 능히 극복해 나갈 수 있는 것은 나만의 경험이 아닐 것이다.

발생학 실험실로 바꾼 뒤에, 분자생물학적 기술을 좀더 터득하기 위해 일본 니가타대학의 미츠구 마에노 교수의 연구실에서 6개월간 일했다. 그때 나는 척추동물의 초기발생 과정 중에서 배엽 발생 및 분화, 특히 내배엽 형성 분야가 아직 미개척 분야임을 주목하고, 나의 연구 방향을 내배엽 형성의 기전을 구명하는 것으로 정했다. 이제 점차 그 결과가 나오기 시작하여, 우리 연구가 이 분야의 학술지에 의미 있는 연구결과로 인용되었다. 앞으로 우리의 보고를 뒷받침할 결과가 보충되면, 적어도 내배엽 형성 기전에 관한 이해의 지평을 넓힌 공은 인정될 것 같다. 이제부터는 내배엽 형성 기전을 단순히 유전자 몇 개의 조절 수준에서 해석하지 않고, 관련 유전자들의 유기적 네트워크 형성 및 조절의 관점에서 이해하고자 하며, 이러한 결과를 임상적으로 응용할 방향을 찾아보도록 할 것이다.

나의 연구주제–척추동물의 내배엽 형성 기전 이해 및 응용

척추동물의 초기발생 과정에 관한 개요와 최근 연구 동향

모든 동물은 단순해 보이는 수정란에서 출발하여 점차 다양한 종류의 세포들로 분화하면서, 각 종(species) 고유의 복잡하고 체계적인 형태로 발달한다. 사실 동물의 초기발생(embryogenesis)에 대한 연구는 생물학자뿐만 아니라 일반인들에게도 가장 흥미로운 과제 중 하나로서, 양서류를 비롯한 여러 실험동물 모델에서 많은 연구가 진행되었다. 모든 척추동물의 배자(embryo) 발생과정은 일반적으로 수정(fertilization), 분할기(cleavage stage), 창자배기(gastrulation), 기관형성기(organogenesis) 및 성장기(growth stage)라는 공통된 과정을 거쳐 진행된다.

Xenopus는 초기발생 과정에 관한 한, 척추동물 중 가장 많은 연구가 이루어졌다. 1924년 배자 이식 수술을 통해 척추가 두 개인 올챙이를 만들어내면서 초기발생이 개체의 정상적인 발생에 얼마나 중요한지를 밝혀낸 이래, 최근에는 이식 수술에 사용된 부위(Spemmann organizer)의 유전자 및 분자 수준의 이해가 많이 알려지게 되었다. 이러한 분자 수준의 실험성과를 토대로, 해부학적이고 형태학적인 고전적 해석을 분자적 수준에서 재해석해 나가는 실험들을 통해, 발생기전을 분자 생물학적 수준에서 이해하기 시작하고 있다. 또한 이러한 이해를 바탕으로 개체의 정상발생 과정을 일부나마 논리적이고 유기적으로 설명할 수 있게 되었다.

더욱이 최근에는 줄기세포 연구에 대한 세인들의 관심과 연관되어 그 중요성이 보다 부각되고 있는 분야다.

척추동물의 초기발생 연구에 개구리를 이용하는 이유

많은 사람들이 척추동물의 발생 연구에 개구리를 사용하는 이유를 궁금해 한다. 척추동물의 배자 발생과정을 연구하기 위하여 여러 모델동물들이 사용되고 있으나, 그중 양서류인 남아프리카산 발톱달린 개구리는 초기발생 과정을 연구하는 데 몇 가지 장점을 가지고 있다.

첫째로, 개구리는 체외에서 수정, 발생이 진행되므로 관찰 및 실험적 조작이 용이하다. 둘째로, 난자 즉 알을 많이 얻을 수 있고 (마리당 1000개 정도) 실험실에서 배자의 배양이 쉽다는 이점이 있다. 셋째로, 배자가 상대적으로 커서 미세주입(microinjection), 미세수술(microsugery) 등과 같은 실험적 조작이 용이하며, 배자의 일부분을 분리하여 배양하는 연구기법도 가능하다. 이러한 장점들 때문에 *Xenopus*는 척추동물의 초기발생 과정을 연구하는 데 좋은 모델로 이용되고 있다.

척추동물의 초기발생 연구가 왜 중요한가

척추동물의 초기 배자 발생 과정은 발생의 다른 과정에 비하여 가장 단순한 시기다. 이 시기에 쓰이는 유전자 및 이들 사이의 조절 기전은 이어지는 조직과 장기의 분화 과정에서 되풀이되어 쓰이는 도구로 생각되고 있으며, 이에 대한 증거 또한 이미 발생학적이고 진화적으로 잘 연구되어 있다. 그러므로 초기발생 과정, 즉 몸통 축 형성 및 배엽형성 과정에 대한 조절 기전을 명확히 이해하면, 장기형성 과정도 좀더 쉽게 이해하게 된다. 임상의학의 관점에서 보면, 이것은 생물학적 인공장기 제작의 열쇠를 쥐는 것과 같으며, 실제로 줄기세포를 이용한 특정조직 및 장기 제작에 있어서 배엽분화 과정에 대한 이해가 가장 중요한 단계로 알려져 있다. 또한 초기발생 과정에서 관찰되는 현상들은 모든 생명현상의 집합체로 볼 수 있기 때문에, 이에 대한 올바른 이해가 질병의 발생과 진행, 그리고 회복과 재생을 이해하는 데도 도움이 된다.

이러한 이해를 전제로 *Xenopus* 시스템의 초기발생 과정을 보면, *Xenopus*의 발생과정에서 관찰되는 신호전달의 분자 기전은, 그 발생과정의 성격상 대상 세포의 특이적이고 명확한 최종 운명과 직결되어 있다. 즉 특정한 신호전달에 의한 전사 조절과 세포 운명의 결정 사이에는 매우 확실한 함수관계가 있어서, 관찰되는 현상과 동반되는 분자생물학적 기전에 대한 명확한 해석을 획득할 수 있다는 특징을 가진다.

연구 목표 및 결과

발생 초기에 수정이 일어난 난자(zygote, 접합자)는 성숙한 난자가 원래 지니고 있던 성질인 동물극과 식물극으로 이루어지지만, 수정 후 이어지는 세포분할(cell cleavage) 과정을 거치면서 세 가지

배엽(외 · 중 · 내배엽)으로 나누어진다. 세 가지 배엽으로의 분화
와 각 배엽의 특징적인 성격 유지에는 각 배엽별 특이적인 발생 분
화 기전을 요구하게 된다. 특히 내배엽과 중배엽은 거의 비슷한
종류의 신호전달 계통에 의하여 유도되지만 결과적으로는 전혀
다른 성격의 두 가지 배엽이 생겨나게 된다. 이렇게 중배엽과 내
배엽이 서로 다르게 생기는 기전은 무엇일까? 이에 대한 연구결
과는 거의 없었다.

　　내 연구목표는 척추동물 발생에 사용되는 대표적 실험모델인
남아프리카산 발톱달린 개구리의 초기 배자 발생 동안 일어나는
내배엽 형성(endoderm formation)의 기전을 신호체계들 간의 상
호조절 및 전사조절 연구를 통하여 유기적 유전자 네트워크(Gene
network)로 설명하는 것이다.

　　이를 위해 신호체계들 간의 상호조절에 의한 내배엽 형성기전
을 연구하던 중에 DNBR(Dominant negative BMP-4 receptor)에

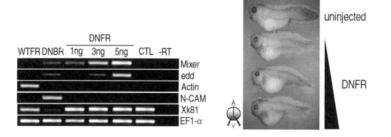

FGF의 신호를 차단시켰을 경우 내배엽 관련 유전자가 유도되고 올챙이의 배 부분이 부풀어 오르
는 것을 관찰할 수 있다.

　사람이 어떻게 생겨나는지 알고 싶었던 여학생의 꿈

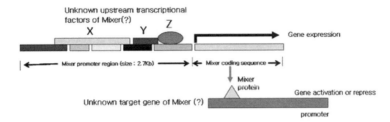

Unknown upstream transcriptional
factors of Mixer(?)

X   Y   Z

Gene expression

|← — Mixer promoter region (size : 2.7Kb) — →|← Mixer coding sequence →|

Mixer protein

Gene activation or repress

Unknown target gene of Mixer (?)

promoter

미지의 전사 조절인자인 X, Y, Z 등이 혼합단백질의 다양한 원소에 결합하여 상호관계에 의해 혼합유전자의 전사가 조절되고, 결국 혼합단백질의 하위 유전자 네트워크가 조절받게 됨으로써 내배엽 분화에 있어서 혼합단백질 발현의 기전을 알 수 있게 된다.

의하여 내배엽이 일부 유도되는 것과 같이, FGF의 신호를 차단시켰을(DNFR) 경우에도 내배엽이 유도되는 것을 최초로 규명했으며, 이는 다른 연구자들에 의해서도 증명되었다.

또한 척추동물 내배엽의 초기 특성화에 대한 전반적인 이해를 위해서는 적어도 상당한 수의 전사 조절인자들이 갖는 거시적인 의미의 규명이 선행되어야 한다. 이에 우리 연구실에서는 초기 내배엽 특성화의 전반적인 이해를 위한 시발연구로, 내배엽 초기발생의 핵심 유전자로 알려진 혼합단백질을 중심으로 하는 전사조절 인자들의 발굴과 그것들의 기능적 상하위 흐름을 정립하려고 한다. 내배엽 중심 연구는 국내외적으로 처음 시도하는 주제다.

후배들에게

남자 선배들이 '여자가 왜 의과대학에 들어 왔느냐?' 는 질문을 거리낌 없이 하던 시절에 나는 의과대학에서 의학을 재미있게 배웠고, 그후 학교와 연구소, 그리고 병원에서 내가 해야 할 일을 열심히 해왔다. 비록 투사는 아니었지만, 여자이기 때문에 무엇을 못하거나 내 일을 남자에게 미루지는 않았다. 나는 남자들과 때로는 경쟁자로 때로는 동료로 함께 살아왔다. 내가 제자들에게 항상 요구하는 것은 직장에서 여성임을 이용하거나 무기로 내세우지 말고, 남자처럼 책임과 의무를 다하며 정정당당하게 살아가라는 것이다.

이 글을 쓰면서 굳이 몇 분의 이름을 거론했다. 그것은 가족뿐만 아니라 주위에 계신 여러분들(1985년 이후 나의 강의를 듣고 월급을 준 경북대학교 의과대학, 치과대학의 모든 학생들을 포함해서)의 도움과 너그러운 이해로 오늘의 내가 될 수 있었다고 생각하기 때문이다. 이 기회에 그분들에게 감사의 마음을 전하고 싶다. 감사하고 감사하라, 행복하고 예뻐진다.

주위 사람과 경쟁하기보다는 시야를 좀더 넓혀 좀더 넓은 세상과 경쟁하고, 세상 모든 사람의 행복을 생각하면 좀더 생산적인 인간관계를 형성할 수 있을 것이다. 작은 것에 목숨을 걸지 마라. 포기하지 않고 자신의 길을 묵묵히 걸어가다 보면, 이렇게 살아온 날을 되돌아보며 글을 쓸 기회도 생길 것이다.

백은경
Paik Eun-Kyoung

IPv6 포럼 코리아 이동성 워킹 그룹 의장

이화여자대학교 전자계산학과(현 컴퓨터공학과)를 졸업하고 동대학원에서 이학 석사학위를 받았다. 졸업 후 KT 연구소에서 멀티미디어 통신 관련 연구를 하고 있으며, 서울대학교 컴퓨터공학부에서 박사학위를 받았다. 미국 IBM 왓슨연구소 방문 연구, 일본 게이오대학교의 WIDE 프로젝트 방문 연구 등 국제기관과 협력 활동을 하였으며, 프랑스 ENST에 초대되어 공동 연구 및 강의를 하였다. 현재 한국정보통신기술협회(TTA) IPv6 프로젝트 그룹(PG 210)의 부의장 및 동 그룹 산하 IPv6 over WiBro 워킹 그룹(WG2103)의 공동 의장 활동, IPv6 포럼 코리아 이동성 워킹 그룹 의장 활동을 통하여, 국내 IPv6 이동성 연구 활성화 및 국내외 표준화에 기여하고 있다. 2005년 정보통신부가 주최하는 제1회 정보통신 표준화 우수논문 공모전에서 일반 부문 최우수상을 수상하였다.

과학의 매력은 애매함으로부터의 자유다

컴퓨터 공학을 통하여, 꿈을 향하여

나는 '이렇게 과학을 했다'고 이야기하기엔 아직 이르다. 내가 어떤 분야에 괄목할 만한 성과를 이뤘다기보다는 아직도 한창 배우며 앞으로 나아가고 있는 사람 중 한 명일 뿐이라고 생각하기 때문이다. 하지만 과학의 길 앞에서 호기심에 차 있는 학생들이나 후배들을 생각할 때 현장에서의 경험들이 작은 도움이라도 줄 수 있다면, 그것을 공유하는 것이 조금이라도 먼저 그 길을 출발한 사람의 의무라는 것을 알고 있기에 기꺼이 이 글을 시작한다.

내 전공은 컴퓨터 공학이다. 컴퓨터 관련학과가 각 대학에 처음 생기던 시절에는 컴퓨터의 계산 기능이 강조되던 때였으므로, 관련 학과의 명칭도 전자계산학, 전산과학, 전자계산기공학 등으로 한정되었다. 그러나 컴퓨터의 기능과 활용 분야가 점차 다양해지면서 컴퓨터는 모든 분야에 꼭 필요한 존재가 되었고, 전자계산이라는 용어도 컴퓨터 공학이 다루는 모든 분야를 표현하기에는 부족해졌다. 언제 어디서나 컴퓨터를 사용하여 우리 생활을 둘러싼 모든 문제의 해결을 도와주는, 이른바 유비쿼터스(ubiquitous) 컴퓨팅이라 일컬어지는 현실은 내가 어렸을 때에만 해도 공상과학 서적이나 영화에서나 가능한 것들이었다. 당시 나는 책이나 영화, 또는 만화에서 그려지는 이러한 미래를 꿈꾸면서, 나도 이러한 미래를 건설하는 사람 가운데 한 사람이 되고 싶다는 꿈을 꾸었다. 그것이 무엇인지는 구체적으로 몰라도, 내가 하는 일을 통하여 사람들이 행복해지는 그런 일을.

기계 만지는 것, 그림, 음악 등을 두루 좋아했던 나는 이들을 전부 아우를 수 있는 일이 없을까 고민하던 중, 컴퓨터라는 도구를 통해 이 모든 욕구를 해소할 수 있다는 것을 알게 되었다. 그러나 내가 대학에 입학할 당시에는 멀티미디어라는 개념조차 존재하지 않았으므로, 일단 도구 사용법을 익히자는 생각에서 컴퓨터를 전공으로 선택했다. 졸업 후 컴퓨터로 영상을 처리하는 분야를 택하여 석사과정을 밟고, 회사에서 영상을 음성, 음악, 텍스트 등과 통합하는 멀티미디어로 분야를 확장해 연구하면서 점점 내 꿈에 다가서기 시작했다.

컴퓨터 공학은 컴퓨터를 이용하여 실로 다양한 분야의 학문을 새롭게 표현할 수 있었다. 1990년대 초기에 많은 관심을 모았던 멀티미디어는 보고 듣고 읽는 컴퓨터를 실현하기 위하여 문자 위주의 컴퓨터에 영상과 음성을 통합했고, 이를 통하여 보다 다양한 응용이 가능해졌다.

세계 최고를 향하여

1994년 나는 미국의 IBM 왓슨연구소를 방문하여 인근 병원과 함께 어린이 환자들을 위한 멀티미디어 도구를 개발하는 프로젝트를 수행했다. 이 프로젝트는 사람의 오감을 활용하는 다양한 기능을 컴퓨터로 구현하여 불편한 사람들을 도우려는 것이었다. 당시 프로젝트를 이끄셨던 김윤경 박사님은 기존과 달리 환자들의 심리를 고려하여 사용자 인터페이스를 구성하는 방법에 대하여 말씀해주셨는데, 무심코 고정된 사용자 인터페이스 형식을 따랐던 나에게는 그러한 시도가 무척 신선했다.

그후 사용자를 배려하는 시스템 개발 자세를 배웠고, 내가 만든 사용자 인터페이스를 현지 인문과학자와의 토론을 거쳐 수정하는 기회를 통해서는 다른 학문 분야의 전문가와 협동하는 자세를 배울 수 있었다. 이처럼 다양한 학문과 접목이 가능한 것은 컴퓨터 공학의 큰 매력 중 하나다. 이 시기에 나는 단순히 내가 좋아하는 일을 하니까 기쁘다는 좁은 생각에서 벗어나 내가 하는 일이 남에게 도움이 될 수 있다는 것을 배웠고, 이는 내 일에 더 큰 보람을 주었다.

내가 멀티미디어 연구에 몰두하는 동안 인터넷이 확산되기 시작하였다. 내 연구 또한 독립된 컴퓨터뿐만 아니라 네트워크를 통하여 멀티미디어를 즐길 수 있도록 확장되어 갔고, 이 과정에서 네트워크에 대한 더욱 깊이 있는 연구의 필요성을 느껴 박사과정을 시작하였다. 당시에 이미 개인용 휴대전화가 보급되어 생활화되고 있었다. 이는 휴대전화뿐만 아니라 여러 가지 휴대용 기기를 통하여 어느 곳에서나 인터넷을 할 수 있는 편리한 시대가 오리라는 것을 예고하는 것이었지만, 이를 실현하려면 아직 해결해야 할 기술들이 많았다.

그중에서 내가 관심을 가졌던 것은 여러 인터넷 기기들이 연결된 채 함께 이동하는 기술, 즉 '이동하는 네트워크'의 기술이었다. 당시 이러한 기술을 처음 제안하고, 국제적으로 이 기술을 표준화하던 프랑스의 티에리 언스트 박사가 일본에서 연구를 하고 있었는데, 일본은 차세대 인터넷 기술인 IPv6의 연구 분야에서 세계 최고의 위치를 확고히 하고 있었다. 나는 언스트 박사에게 네트워크가 이동하는 기술을 실제로 개발하려면, 이동하면서도 인터넷 연결을 유지하기 위하여 멀티호밍(multihoming)이라는 기술을 도입할 필요성이 있음을 제안하고, 일본을 방문하여 그와 함께 연구하였다.

비슷한 시기에 이러한 연구에 관심을 가지고 있던 싱가포르, 독일 등의 연구자들과 공동 연구를 확대하면서, 우리는 국제 표준화 기구인 IETF(Internet Engineering Task Force)에서 이 기술을 국제적으로 표준화할 필요가 있음을 발의하였고, 2년여에 걸친 노력 끝에 별도의 표준화 워킹 그룹(Working Group)으로 독립할 수 있도록 국제회의에서 승인받았다. 이 과정에서 국제 표준화는 단순한 학문적 기술뿐 아니라 기술 개발자들 간의 상호 이해와 협력이 결합하여 좋은 결과를 거두게 한다는 교훈을 얻었다. 또한 세계 최고를 향하는 여러 나라 전문가들의 과학하는 방법, 공동 연구를 할 때 서로 지켜야 할 책임과 예의, 효율적인 의사소통 방법 등을 배웠으며, 계속해서 배우고 있다.

함께 일하던 언스트 박사는 국제 표준화 무대를 정글에 비유하곤 했는데, 이는 약육강식의 세계라는 의미였다. 국제 표준화는 이용자에게는 편의성을 제공하지만, 공급자에게는 무제한의 경쟁 상태라는 속성을 내포하고 있기 때문이다. 실물경제에 비유하면 모든 관세가 철폐되어 수입품과 국내산 제품이 시장에서 경쟁하는 것과 마찬가지다. 이런 정글에서 살아남아 강자가 되기 위해서는 무엇보다 강력한 기술적 무장이 기본임은 아무리 강조하여도 지나치지 않다. 다행히 우리나라 과학은 많은 발전을 이루고 있다. 특히 통신 분야는 세계 최고 수준의 초고속 인터넷 환경을 보유한 국가로서 기술을 이끌어가고 있으며, 국제 표준화 기구에서 우리나라의 위상도 함께 높아가고 있다. 우리는 세계 최초로 와이브로(WiBro: Wireless Broadband Networks)라는 네트워크 기술을 사용하게 되었으며, 앞으로도 최고와 최초의 신화를 계속 이어나갈 것이다.

운 좋은 사람 되기

그러나 모든 일이 항상 순조롭게 풀리기만 하는 것은 아니다. 컴퓨터와 일을 하다 보면 원인을 알 수 없는 오류가 발생하여 며칠씩 고민하게 되는 경우가 종종 생긴다. 처음 컴퓨터를 시작했을 때는 반복되는 그러한 고통이 힘겹기도 하였다. 그러나 오류를 모두 찾아내어 해결하고, 누구보다 먼저 새로운 기능을 성공적으로 수행했을 때의 기쁨이 계속해서 나를 컴퓨터 앞에 앉게 하였나. 대학시절 며칠, 또는 몇 주 동안 끙끙대고 고민하던 프로그램의 오류들을 모두 정복해냈을 때의 그 희열을 아직도 잊을 수가 없다.

돌이켜보면 과학은 언제나 명료하고 만족스러운 답을 줬다. 애매함으로부터의 자유는 과학의 가장 큰 매력이다. 아마도 과학을 연구하는 모든 사람들은, 안개를 헤치고 진리의 빛을 증명해내는 이런 매력에 영혼을 뺏겨 자신들의 삶을 거는 것이라고 생각한다. 사랑에 빠진 사람이 자신을 잊고 모든 것을 버릴 수 있듯이, 프로그래밍의 재미에 흠뻑 빠졌던 그 시절에는 잠꾸러기인 내가 새벽에 일어나기도 하고, 프로그램 생각에 빠져서 내려야 할 지하철역을 놓치기도 하였다. 밤새 생각해낸 프로그램 아이디어를 실행해보기 위하여 아침 일찍 서둘러 집을 나서던 기쁨은 지금껏 여러 번의 힘든 고비를 만나면서도 내가 이 길을 계속하여 걷게 된 원동력이었다.

컴퓨터 공학에서 컴퓨터를 사용하는 것은 이전보다 향상된 결과를 얻고자 하는 것이 목표이지만, 문제를 개선하거나 해결 방법을 생각해내고 적용하는 과정에서 오히려 이전보다 더 안 좋은 결과가 나오는 경우도 많았다. 그러나 원래 의도했던 결과가 나오지 않는 경우에도, 그 과정에서 얻은 경험 자체가 의미 있다는 것을 때때로 경험하게 된다. 실패의 과정에서 얻은 지식이 훗날 다른 연구에 도움이 되는 경우가 종종 생겼기 때문이다. 박사과정을 하면서 학위논문 주제를 찾기까지, 여러 가지 연구주제들에 대하여 연구와 포기를 거듭했다. 그러나 결국 이러한 경험이 최종 학위논문에서 기본 주제를 기반으로 다양한 아이디어를 생각해낸 바탕이 되었다.

컴퓨터로 문제를 해결하기 위한 아이디어를 개발하는 데 있어서 중요한 것은 다른 과학에서와 마찬가지로 자연의 이치를 이해하는 것이다. 컴퓨터는 기본적으로 사용자가 입력한 것을 1과 0이라는 언어만을 사용하여 계산한 뒤 결과물을 토해내는 기계다. 당연한 이야기지만 필연적으로 컴퓨터는 '다루는 방법'에 따라 무궁무진한 능력을 가지게 되며, 따라서 컴퓨터에게 복잡한 우리 주변의 일상을 가르치고 명령하는 방법을 발전시킴으로써 컴퓨터를 더 잘 활용해 나가는 과정이 바로 컴퓨터 공학인 것이다.

컴퓨터가 활용되는 무한한 측면들을 생각한다면, 컴퓨터 공학은 심지어 인간과 자연의 근본을 탐구하는 철학에 가까워야 한다는 것을 알 수 있다. 너무 거창하게 들릴지도 모르지만, 컴퓨터 공학은 우리 주변을 감싸고 있는 자연 원리를 컴퓨터를 이용하여 재창조하는 것이라고 생각할 수 있다. 고대에는 과학자가 곧 철학자였듯이 컴퓨터 공학자에게도 자연과 인류에 대한 이해가 학문적 기초가 된다. 로봇을 개발하기 위해서는 인체를 이해하여야 하며, 프로그래밍 언어를 개발하기 위해서는 사람들이 서로 대화하는 방식을 이해하여야 한다.

내가 전공하는 이동 네트워크 분야에서도 인류가 멀리 소식을 보내기 위하여 발전시켜온 오프라인 통신 방식 발전과 온라인 컴퓨터 통신 프로토콜의 발전이 유사함을 알 수 있다. 온라인 초기의 전화 통신은 특정인끼리 연결하여 이루어지는 것으로서, 옛날 사람들이 오프라인에서 파발마를 통하여 편지를 주고받은 방법과 유사하다. 또한 온라인에서의 인터넷 통신은, 오프라인의 우체국에서 편지를 모아 주소를 지역별로 분류하고, 해당 지역의 우체국으로 보내 다시 각 가정에 보내는 방법과 유사하다.

현대에는 옛날에 비하여 인구도 많아지고, 이사 등에 의한 이동도 빈번해졌으며, 전달 소요 시간에 따라 다양한 우편 수단이 발달하고 있다. 온라인 인터넷에서도 네트워크 기기의 수가 많아짐에 따라 IPv6라는 새로운 주소체계가 제안되고, 이동성을 제공하기 위하여 와이브로 같은 서비스가 등장하고 있으며, 패킷(packet) 전송 속도에 따라 다양한 인터넷 기술이 제공되고 있다. 그래서 새로운 문제가 잘 풀리지 않을 때는 그와 유사한 일들이 어떻게 이루어지는지 자연을 관찰함으로써 답을 얻을 수 있다.

젊은 시절에는 훌륭한 스승을 찾는 데 시간을 아끼지 말라는 말이 있다. 나도 지금껏 훌륭한 스승들의 지도로 많은 것을 배울수 있었다. 석사과정을 지도해주신 조동섭 교수님으로부터는 실패를 두려워하지 않고 새로운 것을 과감하게 시도하는 자세를 배웠다. 박사과정을 지도해주신 최양희 교수님은 국내에서의 성과에 안주하지 않고, 세계 최고에 자신 있게 도전할 수 있도록 가르쳐주셨다. 직장에서도 배움은 계속되었으며, 지금까지 많은 분들의 조언과 가르침이 나의 소중한 자산이 되었다.

흔히들 말하기를, 아무리 열심히 해도 두뇌가 명석한 사람을 당하기 어렵고, 아무리 명석해도 운 좋은 사람을 당할 수 없다고 한다. 그렇다면 어떻게 운 좋은 사람이 될 것인가? 누구에게나 평생을 통해 세 번의 기회가 온다고 하는데, 그 기회를 모두 활용할 수 있다면 운 좋은 사람이라고 할 수 있을 것이다. 운 좋은 사람이 되려면, 기회가 왔을 때 이를 잡을 수 있는 준비가 되어 있어야 한다.

준비를 하려면 우선 목표를 세워야 하는데, 과학자가 되기 위해서는 어떤 준비를 하여야 할까? 학생이라면 기초 과목을 열심히 공부하는 것, 일상에서 호기심을 갖고 원인과 결과를 사고하는 훈련을 하는 것, 국제적인 과학자가 되기 위하여 외국어를 준비하는 것 등이 있을 수 있겠다. 그리고 무엇보다 중요한 것은 목표하고 계획한 것을 추진해 나갈 체력을 갖추는 일이다. 아무리 좋은 아이디어가 있다고 해도 건강하지 못하면, 수많은 실패를 딛고 일어나 결국 성공할 때까지의 기나긴 여정을 버티어 나가지 못할 것이다. 고등학교를 졸업할 때 3학년 담임선생님이 규칙적인 운동으로 건강을 관리하라고 조언해주셨는데, 시간이 지날수록 그 말씀의 소중함이 더해간다.

여성으로서 과학하기

언젠가 TV에서 할리우드의 한 유명한 흑인 스타가 자신의 성공에 대하여 인터뷰한 내용을 보았다. 그가 처음 활동을 시작할 무렵에는 할리우드에 인종 차별이 심했는데 그는 그러한 사실을 몰랐다고 한다. 그는 자신의 그러한 무지가 결과적으로 자신의 성공에 도움이 되었다고 회상하였다. 만약 그가 인종 차별이 있다는 것을 미리 알았다면, 어려움이 생길 때마다 그 원인을 인종 차별의 벽으로 간주하고 쉽게 포기했을지 모른다.

초등학교 졸업 후 줄곧 여학교를 다녔던 나 역시 사회생활을 시작하기 전까지 남녀 차별에 대하여 무지하였다. 그리고 그 스타의 경우처럼 이러한 무지는 오히려 도움이 되었던 것 같다. 전통적으로 과학 분야는 여성보다 남성들의 참여가 활발하지만, 여성이 접할 수 있는 여러 형태의 차별을 미리 두려워하기보다는 과감하게 도전함으로써 좋은 결과를 얻을 수 있을 것이라고 생각한다. 남성과 여성은 서로 다른 장단점을 가졌고, 우리 사회는 서로 다른 장단점을 가진 사람들이 모여 시너지 효과를 낼 수 있다. 과학계는 특히 여성의 비율이 낮은 분야여서 앞으로 여성의 진출이 더욱 요구되는 분야이다. 특히 컴퓨터 과학 분야는 감성적이고 섬세

하게 일을 처리하는 여성의 진출이 더욱 요구된다.

생활 속의 컴퓨터 공학

컴퓨터는 앞으로도 우리 생활의 많은 것을 바꾸어 놓을 것이다. 이미 인터넷은 우리 생활에서 빼놓을 수 없는 중요한 일부가 되어 있다. 특히 우리나라는 인구 밀도가 높아서 초고속 인터넷 환경이 신속하게 구축되었고, 새로운 것에 대한 욕구가 강한 국민성 덕택에 신기술에 대한 수요가 많다. 이러한 요인들은 우리나라가 인터넷 강국으로 발전하는 동력이 되었는데, 이는 앞으로도 우리나라 과학기술자들이 컴퓨터 네트워크 분야의 기술을 세계적으로 이끌어나갈 수 있는 좋은 환경이기도 하다.

이제 우리는 컴퓨터 공학을 통하여 언제 어디서나 지구 반대편에 사는 사람과 대화할 수 있고, 사랑하는 가족의 안전을 구할 수 있으며, 건강이 좋지 않아서 활동에 제약을 받는 사람들에게 도움을 줄 수도 있다. 요즈음은 컴퓨터만이 아니라 TV, 냉장고 등 가전제품은 물론, 우리가 착용하는 옷이나 신발을 통해서도 인터넷에 연결하여 보다 편리하고 안전한 생활환경을 추구하는 세상이 되고 있다. 컴퓨터 네트워크는 의료, 오락, 교육 등 다양한 방면에서 인류의 행복에 기여하는 중요한 기술로 자리할 것이다.

'우공이산(愚公移山)'이라는 말이 있다. 우둔한 사람이 산을 옮길 수 있다는 이야기로, 꾸준히 노력하면 뜻을 이룰 수 있다는 교훈인데, 과학의 발전사를 보면 꿈을 잃지 않고 노력함으로써 결국은 불가능해 보이던 일을 이루어낸 예가 헤아릴 수 없이 많다. 우리의 연구과정에서도 풀리지 않을 것 같은 문제는 너무나 많다. 하지만 그것이 우리에게 가치를 제공할 수 있는 것이라면, 꿈을 잃지 않고 계속해 나감으로써 결국은 이루어낼 수 있을 것이다.

서 은 경
Suh Eun-Kyung

전북대학교 반도체과학기술학과 교수

1980년 서울대학교 물리교육과를 졸업하고 1982년 서울대학교 대학원 물리학과에서 석사학위를 한 후 1988년 미국 퍼듀대학교에서 반도체물리학 연구를 하여 박사학위를 받았다. 미국에서 박사후연구원을 하다가 1989년 전북대학교 물리학과에 임용되어 2002년까지 물리학과 교수로 재직하였다. 2002년 반도체과학기술학과를 신설하여 학과장을 하면서 우수학생 유치와 교과과정 개발을 하고 있으며, 1990년부터 반도체물성연구소 핵심연구원으로서 반도체 나노구조의 광학적·구조적·전기적 특성 연구를 수행하였다. 2004년 질화물 반도체의 물성과 광소자 응용연구 결과를 인정받아 올해의 여성과학기술자상을 수상했으며, 현재 반도체물성연구소장으로서 전북대학교 반도체공정연구센터 구축과 차세대 반도체의 환경·의료응용연구를 수행하고 있다.

생활의 패러다임을 바꿔주는 과학의 즐거움

내 일을 사랑하는 과학자의 자부심

과거와는 달리 우리나라 젊은이들의 사고방식도 점점 남녀 차별이 없어져가고 있다는 것을 느낄 수 있다. 어떤 분야든 여성도 잘할 수 있다는 것을 인정하고, 그런 여성들을 불편하게 느끼지 않는 남성들이 많이 늘어가고 있어 다행이다. 우리나라는 전통적으로 남성 중심적이고 모든 분야에서 남성이 우선적이었다. 특히 과학 분야는 여성이 하기 힘든 분야로 인식되어 왔으며, 그중에서도 물리학은 여성들이 가장 싫어하는 분야 가운데 하나였다.

그런데 나는 왜 물리학을 전공했을까? 아마도 논리적이고 간결하며 명료한 특성이 좋았던 것 같다. 또한 '여자도 잘 할 수 있다'는 도전의식도 발동했다. 하지만 어떤 분야에서나 마찬가지겠지만, 물리학을 공부하면서 나는 내 능력의 한계를 느끼며 압도되는 경우가 많았고, 우수한 동료와 선후배 물리학 전공자들을 보면서 감탄한 일도 많았다.

처음에 나는 과학이 객관적이고 명확하며 투명하고 공정해서 좋았다. 다양한 자연현상을 관측하고 그것들을 설명할 수 있는 원리를 찾아내 간단히 수식화해 나가는 과학적 과정은 참으로 깨끗하고 매력적이었다. 더욱이 내가 중고등학교를 다닐 때만 해도 개발도상국이었던 우리나라는 과학기술 발전에 의한 국력 신장을 최고의 미덕으로 강조하였기 때문에 과학기술인이 되는 것은 상당한 자부심까지 안겨주었다. 과학은 내가 가지고 있는 지식을 총동원해서 계획하면 그 계획에 따라 정확하게 예측되는 결과를 주었으며, 과학기술의 결과는 나와 내 이웃의 보다 편리하고 쾌적한 생활에 직접적인 기여를 한다고 생각했다. 그래서 직접적인 보상은 없었으나 나는 자부심을 가지고 내 일을 사랑할 수 있었다.

여성과 한국인의 명예를 책임지다

대학원 석사과정 졸업 후 고체물리학을 공부하기로 결정하고, 미국 퍼듀대학 물리학과로 유학을 떠났다. 당시 국내 대학에서는 대학원 과정 학생에 대한 경제적 지원이 극히 미약했다. 이미 성인인 대학원생임에도 불구하고 학비와 생활비를 전적으로 부모님에게 지원받아야 하는 한국의 형편에 반해 미국에서는 TA로서 등록금과 생활비를 지원받아 경제적으로 독립을 할 수 있었다. 지금은

BK21 인력양성사업 및 각종 연구사업 등을 통해 대학원생들이 최소생활비를 지원받을 수 있게 되어 정말 다행이라고 생각한다.

퍼듀대학에서 반도체 실험 분야를 연구하시는 교수님을 찾아가 그 실험실에서 박사과정 연구를 하고 싶다고 말씀드렸다. 그러자 그분은 "너는 내 첫번째 여학생이자 첫번째 한국인 학생이다. 자신이 있느냐?"고 물으시며 대기중이던 학생들 가운데 우선적으로 뽑아주셨다. 미국에서도 여학생이 드물었기 때문에 지도교수님은 아마 시험을 했던 것 같은데, 어쨌거나 나는 여성의 명예와 한국인의 명예를 책임지고 연구하는 입장이 되었다. 처음 반도체 물리학 실험을 하기로 결정했을 때, 나는 전자기기나 기계 등 실험장비 다루는 것이 너무나 생소해서 걱정이 되었고 자신감도 없었다. 그러나 전공실험은 그런 경험들이나 손재주와 크게 상관이 없고 과학적 창의력과 직관력이 핵심이므로 여성이건 남성이건 차이가 없을 것이라는 선배의 이야기를 듣고 실험을 하기로 결정하였다.

반도체 기술은 정보화 사회의 핵심기술로서 전자, 전기, 화학, 금속, 세라믹 재료 등 여러 분야의 학문이 물리학을 뿌리로 서로 연계하여 총합적으로 발전함으로써 이룩한 열매라고 할 수 있다. 나는 반도체물리학 분야 중 반도체, 특히 자성반도체 나노구조의 자기 광학적 특성연구를 하게 되었는데, 반도체의 물리적 성질과 광학적 실험방법에 대한 전문적 지식 습득이 전제조건이 되었다.

반도체 결정의 구조, 전자 에너지 구조, 격자진동 현상, 전기적·자기적·구조적 특성 등에 대한 이해를 하기 위해서는 전자기학, 양자역학, 열 및 통계물리, 고체물리, 물리수학 등 물리학 전반에 대한 지식이 총동원되었다. 나는 박사학위 논문 연구를 하면서야 비로소 학부과정부터 계속 책과 강의실에서 배워왔던 물리학 기초이론들이 살아 숨쉬는 자연계의 현장을 경험하게 되었다. 특히 그 당시 개발되어 많은 연구가 시작되고 있었던 반도체 양자구조 및 초격자 구조의 광학적 특성을 연구하였는데, 강의로만 들어서 다분히 추상적으로 생각되었던 양자물리 이론이 내 실험실 테이블 위에서 조사하고 있던 반도체 나노구조의 시료에서 그대로 검출되었을 때는 이론이 살아 움직이고 있다는 놀라움과 희열에 사로잡힐 수밖에 없었다. 이러한 물성을 바탕으로 한 박막성장 기술과 양자물성의 제어는 오늘날 나노반도체 분야로서 나노기술의 핵심이 되고 있다.

미국에서 박사학위 논문연구를 할 때에 지도교수님은 미 국방부의 지원을 받아 자성반도체의 광학적·자기적 특성에 관한 연구를 수행하였다. 교수님은 우리가 하는 실험 하나하나가 모두 국민의 세금으로 이루어지는 국가적 지원을 받기 때문에 실험을 수행하기 전에 실험에 대한 이론적 배경조사와 실험을 통하여 얻고자 하는 목적 등을 분명히 하고, 실험결과 및 실험과정에 발생할 수 있는 여러 상황에 대해서도 세심한 분석과 해석으로 철저하게 대비하며, 모든 결과는 반드시 공개적인 논문이나 보고서로 발표

해야 한다는 것을 강조하였다. 개인의 지적 호기심을 만족시키기 위한 연구로 끝내는 것은 국가지원을 받는 프로젝트 수행자의 책임을 다하지 못하는 것이라는 생각을 하게 되었다. 그래서인지 나는 박사과정 동안 자성반도체에 관한 다수의 SCI 논문을 쓸 수 있었으며, 덕분에 졸업할 때에는 퍼듀대학 물리학과에서 주는 팬 어워드(Fan Award)를 수상했다. 지도교수님은 그후에도 계속해서 여학생과 한국학생들을 실험실 지도학생으로 받아들였으니 아마도 나는 한국인과 여성의 명예를 지킨 듯하다.

여성교수로서의 책임

학위를 받은 후 박사후연구원 생활을 짧게 마치고, 공채를 통해 전북대학 물리학과의 반도체 실험분야 교수로서 본격적인 교육과 연구를 시작하게 되었다. 전북대학 물리학과에 임용된 후 약 10여 년 동안 국립대학 물리학과의 유일한 여성교수로서 교육과 연구에서 여성도 남성교수 못지않게 잘할 수 있음을 확신시켜야 하는 위치에 놓였다.

임용 첫해에 다행스럽게도 선임교수님들과 함께 과학기술부 우수연구센터 사업에 참여하여 1990년 첫번째 우수연구센터인 반도체물성연구센터가 전북대학에 유치되었고, 그후 9년 동안 우수연구센터 사업을 통하여 국제경쟁력을 갖춘 연구 활동과 많은 국제 학술활동에 참여할 수 있었다. 또한 연구센터 설립과 사업수행에 따른 많은 일들도 해야 했다. 실험실을 갖추고 정비하는 일, 지방대의 한계를 극복하고 전북대학 물리학과에 우수한 학생들을 유치하는 일, 반도체 분야의 경쟁력 제고를 위하여 대학원 협동과정을 신설하여 운영하는 일 등으로 관련 교수들은 쉴 틈 없이 지냈으며, 반도체 분야의 여성교수로서 나도 책임이 무거웠다.

당시에는 일본과 우리나라의 연구 수준에 큰 차이가 있었는데, 우리 반도체물성연구센터 전체의 연구 시설이 일본 교수 1인의 연구실 시설보다도 미비한 수준이었다. 일본의 도쿄공대 초고속 소자 연구센터와 자매결연을 맺고 매년 공동학술대회를 가졌는데, 발표되는 연구결과의 질적 차이가 너무나 컸다. 그러한 질적 차이는 반도체 산업 부분에서도 마찬가지였다. 그러나 다행스럽게도 우수연구센터 사업을 통하여 꾸준히 연구능력을 향상시켰고, 또한 국가적인 연구 투자도 매년 늘어 지금은 일본과 동등한 연구 경쟁력을 갖게 되었다. 연구 경쟁력 강화와 함께 반도체 산업 또한 일본과 거의 동등한 경쟁력을 가지게 되었다는 것은, 연구능력과 산업 경쟁력의 상관관계를 시사해주는 것이라고 생각된다. 반도체 분야의 연구자로서 반도체 관련 국제학술회의에 참가해보면, 열악했던 10여 년 전과는 달리 이제 우리나라가 반도체 강국임을 실감할 수 있어서 정말 감개무량하다.

1990년대를 돌이켜보면, 반도체 분야의 선진국이라고 할 수 있는 일본이나 미국에도 이 분야에 여성과학자가 거의 없었다. 따라서 국제협력사업이나 학술회의 등에서 나는 거의 유일한 여성과학자로서 항상 눈에 띌 수밖에 없었으며 그만큼 책임이 무거웠다. 지금은 국제학술회의에서 미국과 유럽의 많은 여성 신진연구자들을 볼 수 있는데, 이 또한 큰 변화 중 하나다.

새로운 분야에 대한 도전

최근 나는 질화물 반도체를 이용한 반도체 광원개발 연구에 집중하고 있으며, 이 분야의 연구업적을 인정받아 2004년에는 올해의 여성과학기술자상을 받았다. 전북대학교에서는 1990년대 후반 반도체물성연구센터의 연구사업으로, 20세기 신의 마지막 선물이라고도 평가되는 넓은띠 간격 질화물 반도체의 나노구조를 이용한 광소자 응용에 관한 연구를 시작하였다. 21세기에 접어들어 전 세계는 환경보호와 에너지 절약이라는 과학기술의 대명제에 부합하는 반도체 조명개발이라는 목표를 갖게 되었다. 미국, 일본, 독일 등 과학기술 선진국들은 2020년까지 전체 조명의 50퍼센트 정도를 반도체 조명으로 대체하려는 목표를 가지고, 질화물 반도체를 이용한 고휘도 LED 개발을 대형 국책과제로 삼아 치열한 선두 경쟁을 벌이고 있다. 우리나라에서도 특히 LCD 디스플레이의 후방 면광원으로서 매우 중요한 분야이며, 산업체에서도 일반 조명용 백색 LED 개발을 위한 노력을 쏟아붓고 있어서 국가적으로 차세대 성장동력 산업의 일부가 되었다.

　과거 진공관 시대에서 반도체 트랜지스터 시대로 변화한 것처럼, 현재 CRT 모니터 시대에서 LCD 등의 평면 디스플레이 시대로 변화되고 있는 것처럼, 미래에는 백열전구 혹은 형광등이 반도체 LED 조명으로 바뀜으로써 생활의 패러다임이 변화될 것이다. 더 나아가 질화물 반도체를 이용한 자외선 LED의 개발은 공기 중에 분산되어 있는 세균 등 생화학적 물질의 검출과 소독, DNA 및 단백질의 모니터링 등 생명 융합기술 분야의 중요한 나노 광원부품으로 미국 등 기술 선진국에서 중점 투자를 하고 있다. 이렇듯 반도체 광원의 개발연구는 전 세계적으로 아직 초보적인 연구단계이지만 현재 매우 빠른 속도로 발전하고 있으며, 그 노력과 능력에 따라 국제적 우위를 선점할 수 있는 분야다.

새로운 패러다임은 후배여성들의 도전을 요구한다

이러한 광반도체 분야에는 우수한 전문인력의 헌신이 필요하다. 최근 심각한 문제로 대두되고 있는 이공계 기피현상을 보면서, 요즘 젊은 세대는 학문이나 일에 대한 열정이 식어가고 있다는 걱정이 생긴다. 중요하고 보람이 있더라도 힘든 일은 피하고, 당장 즐겁고 편안하고 쉬운 일만 하려는 것이 아닌가 걱정도 된다. 물론 힘든 일이지만 가치 있는 일에 열정을 가지고 개인적인 헌신과 노력을 기울여 공공이익을 창출하는 것에 대해서는 그만큼 인정해주고 보상해주는 사회적인 인식과 동의도 반드시 필요하다고 생각된다. 과학기술 분야는 진지하게 땀 흘리며 집중해서 함으로써 가치 있는 지식을 얻고, 그 결과가 사회 전반에 활용되어 그만큼 보람과 성취도가 높은 분야다. 일생을 통해 자신을 투자하여 즐기면서 성취해 나갈 수 있는 분야다.

반도체 분야의 이러한 중요성을 감안한 우리는 보다 적절한 교과과정이 필요하다는 생각으로 물리학과로부터 반도체과학기술학과를 분리하여 신설하였다. 무엇보다도 반도체 강국인 우리나라의 실정과 산업현장에 맞는 인력을 양성하고, 지방대학 학생들에게 더 많은 기회와 자신감을 주기 위해서였다. 나는 강의실에서 학생들의 얼굴을 보며 우리나라의 미래를 느낀다.

21세기에도 과학기술 발전은 더욱 가속화될 것이며, 그 발전 속도와 방향에 따라 국가경제와 국민 생활이 좌우될 것이다. 특히 정보, 나노, 생명과학 기술 등을 중심으로 한 기술 융합을 통해 과학기술의 한계를 극복하고, 새로운 패러다임을 제공할 것으로 기대된다. 과학기술의 이러한 추세는 여성에게 더욱 많은 기회와 참여를 요구하고 있으므로 자신감을 가지고 과학기술 분야에 인생을 투자해 보기를 권하고 싶다.

손숙미
Son Sook-Mee

가톨릭대학교 식품영양학과 교수

1977년 서울대학교 가정대학 식품영양학과를 졸업하고 동대학원에서 영양학 전공으로 1979년 석사학위를 받았다. 1981년에 미국 노스캐롤라이나대학교 대학원에 진학하여 2년 반 만에 박사학위를 취득했다. 1989년 미국 텍사스 대학교 의과대학에서 연구교수 생활을 했으며, 한국에 돌아와 성심여자대학교 교수로 재직하다가 가톨릭대학교 의과대학과 병합되면서 1995년부터 가톨릭대학교 식품영양학과 교수로 재임하고 있다. 2000년에는 미국 코넬대학교 초청으로 방문교수로 재직하면서 여러 프로젝트에도 참여하였다. 대한지역사회영양학회 편집이사와 총무를 거쳐 현재 부회장으로서 여러 임원들과 함께 지역사회 주민들의 영양건강 증진을 위해 노력하고 있으며, 대한영양사협회 부회장으로서 영양사의 지위향상과 권익을 위해서도 애쓰고 있다. 또한 종합유선방송위원회와 한국광고자율심의기구 등의 심의위원으로 활동하였으며, 현재는 보건복지부의 소금감량섭취사업의 TF팀으로 활동하고 있고, 건강기능성식품심의위원회 심의위원과 식품위생심의위원회 위원으로도 활약하고 있다.

과학자로서의 내 삶에 대하여

현대는 '유비쿼터스' 시대라고 한다. 유비쿼터스(ubiquitous)는
'언제 어디서나 동시에 존재한다' 는 라틴어로, 시간과 공간의 제
약을 넘어 기능을 제공하는 통신기기를 일컫는 말로 쓰이면서 IT
쪽에 국한된 것처럼 보인다. 그러나 우리가 일상생활에서 언제 어
디서나 과학하는 자세로 살고 과학적인 사고를 실천한다면 그것
도 과학의 유비쿼터스한 모습이 아닐까 생각한다. 과학의 실천을
'현재 나타난 현실에 대해 끊임없는 의문을 가지고 새로운 가설을
제시하며, 그 가설을 다양한 실험이나 실태조사를 통해 부정함으
로써 새로운 사실을 유추해내는 일련의 과정' 이라고 생각할 때,
우리는 매일의 일상적인 삶에서도 과학을 실천할 수 있는 것이다.
즉 'ubiquity of science in every day life' 를 실천하는 것이다.
한국여성과학단체총연합회(여성과총)에서 원고를 청탁하며 과학
하는 방법, 과학 윤리 등 다양한 콘셉트를 요구했지만 콘셉트 자

체에 대해 서술하다보면 너무 딱딱한 문장이 되므로, 지난날 겪었던 여러 가지 일화를 소개함으로써 그 안에 이러한 것들이 자연적으로 스며들게 되기를 희망한다.

대학에 진학하면서 식품영양학을 선택한 것은 어떻게 보면 참 우연한 일이었다. 당시 식품영양학이란 학문을 잘 몰랐던 나는 영양사가 좋은 직업이라고 권하시던 고등학교 3학년 담임선생님과 새로운 직종이었던 영양사에 호감을 갖고 계시던 부모님께 많은 영향을 받았다.

　대학 시절에는 야학을 하며 이념서클에 가입하여 사회의 불평등 구조에 대한 고민으로 세월을 보내다가 4학년 말에야 정신이 번쩍 들어 못 다한 전공 공부를 해보리라는 생각으로 대학원에 진학하였다. 그러나 대학원 수업은 기대와는 달리 대부분 발표 수업이었고, 우리끼리 외국문헌을 요약해서 발표하고 각자 작성한 번역문을 모아서 시험공부를 하는 것이 거의 전부였다. 발표를 하는 과정에서 이해되지 않는 내용이 많았으나 우리 가운데 어느 누구도 담당 교수에게 질문하지 않았고, 교수도 우리의 발표에 대해 코멘트해주는 경우가 거의 없어 모르는 내용은 결국 이해되지 않은 채 지나갔다.

　대학원을 졸업한 후에도 전공 학문에 대한 충족감이 느껴지지 않아 마음 한구석이 항상 허전하던 차에, 1981년 미국에 있는 친구가 권해준 학교로 박사과정에 들어가게 되었다. 미국의 무수한 학교에 영양학이란 전공이 있었는데도 더 이상 알아볼 생각을 하지 않고 단지 친구가 사는 곳 가까이 있는 가정대학에 간 것은 지금 생각하면 참 어이가 없는 일이다. 하지만 혼자 미국에 간다는 것이 겁도 나고 자신이 없어서도 그랬던 것 같다.

그렇게 가게 된 대학이 주립대학의 하나인 지금의 노스캐롤라이나대학이었다. 그 학교는 규모가 아주 크지는 않았으나 전경이 좋고 캠퍼스가 참으로 아름다웠다. 날씨는 1년 내내 온화했고, 특히 가을이 되면 학교 바로 앞길이 마치 설악산에 온 것 같은 착각을 불러일으킬 정도로 아름다웠다.

내 지도교수는 동물실험 중에서도 미량 무기질인 아연, 구리 등을 주제로 하여 무기질 대사 실험을 하는 50대 중반의 남자 분이었는데, 항상 시가를 입에 물고 계시던 그분은 말씀을 할 때도 입술 구석에 시가를 끼운 채로 하셨다. 난 지도교수가 말씀하시는 동안 시가가 떨어지지 않고 입술에서 계속 흔들거리며 붙어 있는 것이 참 신기했다. 지도교수에게 "남편이 한국에 있는데, 최대한 빨리 학위를 받고 돌아가야 이혼을 안 당한다"고 엄포를 놓았더니, 놀라는 표정을 지으면서 최대한 나를 돕겠다고 했다.

첫 학기 수업은 강의 듣기가 잘 안 돼 무척 힘들었다. 담당교수에게 강의 준비를 위해 보았던 참고문헌을 가르쳐달라고 했더니 친절하게 답해주어 다른 책이나 저널을 찾아보며 강의 중에 놓친 부분을 보충해 나갔다. 그러다보니 1시간 강의를 다시 정리하는 데 서너 시간이 걸렸다. 마치 영양학 공부를 처음 시작하는 느낌이었지만 그래도 미국에서의 공부는 재미가 있었다. 무작정 외우는 것을 죽기보다 싫어했던 나에게 원리를 중심으로 설명하는 강의는 머리에 쏙쏙 들어왔다. 미국이란 사회는 시험 후엔 깡그리 잊어버리는 암기 중심의 공부는 필요 없다고 생각하는 것 같았다. 시험문제도 여러 상황을 제시하고 왜 그런지 이유를 설명하라는 문제가 대부분이었다.

지도교수의 권유로 통계학 공부를 시작했다. 입문과정부터 시작하여 고급과정의 다차원적 분석(multivariate analysis)까지 수강했던 파워 박사의 강의는 아직도 생생하다. 그는 수강자의 수준을 충분히 고려하면서 어려운 통계학 개념들의 원리를 설명하는 데 많은 시간을 할애했고, 다양한 일상생활의 예를 들어가며 학생들의 질문 하나하나에도 충실히 답해주었다. 그때 들었던 통계학 강의가 지금 내 전공이 된 지역사회 영양학의 기반이 될 줄을 누가 알았겠는가? 그때 난 가장 기본적인 무작위추출법(random selection)이 왜 그렇게 중요한지에 대한 명확한 개념조차 없었다. 석사 때 실태조사를 통해 저소득층 노인의 영양상태에 관한 논문을 썼지만, 저소득층의 대표지역인 동 하나를 선택해 무조건 그곳으로 찾아가서 당시 집에 계셨던 노인들을 대상으로 조사를 했을 뿐이었다.

1년이 지나면서 박사논문 실험을 시작했다. 쥐를 식이 처방에 따라 여러 조에 무작위로 배정한 다음 약 225마리의 쥐를 키웠다.

동물실험은 생소했지만 당시 한국에서는 미량 무기질 실험을 별로 하고 있지 않아서 그 분야에 흥미가 많았다. 미량 영양소인 아연과 구리를 다루는 실험이라 실험기구, 실험 시약, 6주간 쥐를 키우는 데 먹일 식이 사료를 만드는 과정도 오염되지 않게 하는 것이 중요했다. 처음에는 건강하게 보이던 쥐들이 아연 혹은 구리 결핍 식이를 주자 식욕이 떨어져 잘 먹지도 않고, 어떤 쥐들은 머리 쪽의 털이 빠져 대머리 현상이 나타났다.

정상군의 쥐들은 무럭무럭 잘 자랐지만 그중 한 마리는 잘 먹지도 않고 잘 자지도 않고 계속 쥐장 철망에 붙어 서서 나를 노려보았다. 마치 왜 우리를 쥐장에 가두고 힘들게 한 다음 제물로 쓰느냐고 따지는 것 같았다. 난 매일 그 쥐와 서로 노려보면서 기싸움을 했으나 그 쥐가 빨간 눈으로 나를 노려 볼 때는 솔직히 무서웠다. 그래서 먹이도 제일 나중에 주었는데 먹이통을 꺼낼 때마다 가슴이 쿵쿵거렸다. 그 쥐는 이런 내 마음을 아는지 먹이통을 꺼내려고 손을 쥐장에 집어넣기만 하면 기다렸다는 듯이 내 손을 깨물었다. 두툼한 장갑을 끼고 있었지만 장갑 위로 날카로운 쥐의 이빨 자국이 느껴지곤 했다. 지도교수에게 그 쥐 이야기를 하면서 정기적으로 체중 체크할 때마다 스트레스를 많이 받는다고 했더니 '귀엽지' 않느냐며 '친하게 지내라'고 말했다.

드디어 6주가 지나고 쥐들을 희생시키는 날이 왔다. 지도교수는 이 일은 여성에게 너무 힘들고 어울리지 않으니 자신이 직접 하겠다며 나더러 도와달라고 했다. 내가 힘들어했던 그 쥐는 가장 마지막에 희생시켰는데, 자신이 죽을 것을 아는지 그날따라 쥐장 철망에 다리를 꽉 걸고 붙어서 더욱 격렬하게 저항했다. 그러던 그 쥐도 두툼한 지도교수의 손에 붙잡혀 결국은 희생을 당했다. 간을 비롯한 장기들을 드러낸 채 누워 있는 모습을 보니 측은하기도 하고 지난날 그 쥐와 힘겹게 지낸 일들이 스쳐지나가면서 만감이 교차했다. 그 쥐는 잘 먹지도 잘 자지도 못한 만큼 몸이 앙상했고, 간과 콩팥 등의 장기가 너무 작고 초라했다.

난 그날 속이 메슥거려 아무것도 먹지 못한 채 후속 실험을 했다. 그런데 지도교수는 손을 쓱쓱 닦더니 햄버거를 입에 무는 게 아닌가? 그러면서 내가 너무 힘없이 아픈 사람 같아 보인다며 "죽은 쥐들은 이제 잊어버리라"고 했다. 그날 이후 나는 조금이라도 스트레스를 느끼면 목이 잘린 하얀 쥐들이 널려 있는 꿈을 꾸곤 했다. 그렇지만 그 실험실에서 다른 학생들의 동물실험에 같이 참여하며 그런 경험을 다반사로 하면서 쥐들에 대한 미안한 마음도 차츰 없어져 갔다.

한국으로 돌아와 2년 동안의 시간강사 생활 끝에 대학에 자리를 잡았고 석사 논문을 지도하게 되었다. 미국에서처럼 미량 무기질 대사 실험을 하고 싶어 학교에 이야기해서 옥상에 간이 건물로 동물사육장을 만들었다. 그러다보니 실내 온도조절이 전혀 되지 않아 여름이면 사육장 내부가 너무 더운 탓에 쥐들이 많이 헉헉거렸다. 하루는 실험하는 학생이 먹이를 주려고 들어갔다가 얼굴이 사색이 되어 뛰쳐나왔다. 실험쥐 두 마리가 죽어 있다는 것이었다. 무너져 내리는 가슴을 쓸어내리면서 실험실을 조사했다. 다른 쥐들은 다행히 무사했는데, 쥐장의 일부 철망이 뜯겨져 있는 것을 보니 집쥐의 출현이 분명했다.

우리는 집쥐가 쥐 사육장 내에 아지트를 지은 것이 분명하다고 생각하고 모든 곳을 수색했다. 마침내 실험대의 서랍을 여니 새끼 쥐 여러 마리가 오글오글 모여 있었다. 어디서 가져왔는지 바닥에는 솜털이 깔려 있고 실험쥐에게서 뺏은 사료도 있었다. 어미 쥐는 아마 먹이를 찾으러 외유중인 듯했다. 우리는 언제 출몰할지 모르는 어미 쥐 때문에 두근거리는 가슴을 안고 그 새끼 쥐들을 치워야 했다. 그러나 그 새끼 쥐를 어떻게 할 것인가? 너무 어려서 도망갈 줄도 모르는 새끼들을 죽이자니 너무 잔인했다. 우리는 생각다 못해 큰 항아리를 구해서 새끼 쥐들을 바닥 깊숙이 넣고 뚜껑 위에 돌을 올려놓았다. 굶어죽을 때까지 기다리기로 한 것이다. 그 이후 어미 쥐는 쥐 사육장에 출현하지 않았고, 우리는 무사히 실험 기간을 마쳤다.

쥐를 희생시켜 혈액과 장기기관의 무기질 양 등을 측정했는데, 우리가 주었던 치료 식이와 전혀 일치하지 않았다. 미국에서와 똑같은 방식으로 했기 때문에 어디에 문제가 있는지 알기가 힘들었다. 혹시나 해서 실험에 사용한 증류수를 측정했더니, 거기에 상당량의 구리, 아연이 들어 있었고(그때는 3차 증류기가 없어 2차 증류수를 썼다) 시약에서도 상당량의 무기질이 발견되었다. 또

한번은 시험관 안에서 이물질이 발견되어 조사해보니 후드가 너무 오래 되어 이물질이 떨어져 있었다. 이러한 사실을 알고 나는 좌절했다. 미량 영양소를 실험하기에는 실험실의 기본시설이 너무 열악했다.

학교에 애걸하다시피 하여 3차 증류기를 설치하고 후드도 새것으로 교체했다. 시약도 순도가 높은 것으로 다시 주문하여 처음부터 모든 실험을 다시 했다. 그러는 동안 학생도 나도 파김치가 되었다. 그 학생 이후 난 현실에 맞게 미량 무기질 실험을 다량 무기질인 마그네슘으로 바꾸었다. 그즈음 마그네슘은 한동안 잊혀져 있다가 새롭게 떠오르는 무기질이었다. 난 스트레스와 마그네슘 대사가 혈압에 미치는 영향에 흥미를 느껴 그 분야의 실험을 시작했다.

무기질 실험을 위한 어느 정도의 실험실 조건이 갖추어졌고, 스트레스 종류는 진동과 소음을 사용했다. 그렇지만 이번에는 쥐의 혈압을 측정하는 동물용 혈압계가 없는 것이 문제였다. 수소문 끝에 가톨릭 의대에 그 기기가 있다는 것을 알아내고 사용 허락을 받아냈다. 그러나 문제는 부천에서 서울 강남으로 쥐들을 옮기는 것이었다. 혈압의 변화를 보아야 했기 때문에 정기적으로 혈압을 체크해야 했는데, 그때는 자가용도 없던 시절이라 쥐들을 박스에 넣고 택시로 운반했다. 박스에서 부스럭거리는 소리가 나서 택시 운전사가 미심쩍은 얼굴로 무엇인지 물어보면 애완용 동물이라고 얼버무렸다. 혈압을 재기 직전에 옮기면 쥐들이 흥분해서 혈압에 영향을 주므로 적어도 3일 전에는 옮겨야 했다. 꼬리에 카프를 감아서 혈압을 측정하기 때문에 꼬리를 따뜻한 물에 담그고 문지른 다음 혈압을 재는데 어떤 쥐들은 이 동안에도 너무 흥분하여 죽는 경우가 있었다. 많은 우여곡절 끝에 좋은 결과를 얻어 그 논문으로 한국영양학회 학술상을 받았다.

그 다음 학생부터는 스트레스 종류를 바꿔 육체적인 스트레스로 정했고 외과의사까지 불러 수술을 실시했다. 마취한 다음 목부터 복부 끝까지 절개하는 수술로 사람으로 치면 대수술이었다. 수술 후에 대사 케이지에 넣고 뚜껑을 덮지 않은 채 잠깐 두었는데 그 사이에 쥐 한 마리가 없어졌다. 수술 후라 잘 걷지도 못할 거라고 생각했는데, 마취에서 깬 그 쥐는 높은 대사 케이지를 넘어 뛰쳐나간 것이다. 사방으로 그 쥐를 찾았으나 실패했는데, 1주일 만에 그 쥐가 나타났다. 그 쥐는 그동안 치료 식이를 먹지 못했기 때문에 실험 군에서 탈락되어 그냥 일반 식이를 공급하다가 다른 쥐들과 함께 희생시켰다.

그런데 마그네슘 첫 실험 이후로는 데이터가 잘 나오지 않았다. 쥐로서는 엄청난 스트레스인 부동 스트레스(꽉 끼는 병에 쥐를 세운 다음 꼼짝 못하게 하는 스트레스)까지 주어보았으나 데이터는 유의한 차이가 없었다. 난 저널에서 더 심한 스트레스를 찾아보았다. 남미 쪽에서 나오는 학회지에 화상 스트레스 실험이 있었는데, 쥐의 피부 일부에서 털을 제거한 다음 뜨거운 인두로 지지는 스트레스였다. 미국에서 나오는 논문들은 윤리규정이 엄격해 그런 논문이 별로 없었다. 인두 구입도 고려했으나 동물 학대처럼 느껴져 더 이상 하고 싶지가 않았다. 결국 스트레스 실험을 그만두기로 했는데 동물 실험 자체에도 조금씩 흥미가 없어졌다.

그러다가 1995년에 미국 보스턴에서 열린 영양판정학회에 참여하면서 영양역학과 지역사회 영양학에 관심을 가지게 되었다. 석사 논문으로 실태조사를 했기 때문에 그 분야에도 계속 관심은 있었다. 보스턴학회에서 발표된 논문들은 샘플사이즈가 1만 명을 넘어가는 것들이 많아 입이 벌어졌지만 사람을 대상으로 하는 분야가 훨씬 현실적으로 다가왔다. 그때 마침 대한지역사회영양학회의 창립에도 관여하면서, 동물실험은 그만두고 사람을 대상으로 한 조사나 영양중재에 관한 논문을 지도하기 시작했다. 횡단적 연구에서는 무작위추출법을 사용한 큰 샘플사이즈를 구할 만큼 연구비가 되지 않는 것이 항상 문제였으므로 영양중재 쪽에 관심을 돌렸다.

석사논문 때도 노인을 대상으로 했고 고령화시대에 접어들어 노인에 대한 관심이 더욱 커졌다. 주로 저소득층 노인을 대상으로 영양상태를 조사했는데, 그중에서도 골다공증에 관심이 많았다. 저소득층 노인 중 70대 이상에서 70~80퍼센트가 골다공증 혹은 골감소증을 나타냈다. 난 조사로만 끝낼 것이 아니라 그들에게 영양중재를 해보고 싶었다. 노인들은 칼슘도 중요하지만 비타민 D의 공급이 더욱더 중요하므로 그때 한창 새롭게 대두되던 활성형 비타민 D를 사용하기로 했다. 논문을 찾아보니 일본에는 지역사회 노인을 대상으로 활성형 비타민 D를 사용한 중재 논문이 있었는데 우리나라에서는 찾기가 힘들었다.

난 경기도청을 찾아가 저소득층 노인들의 심각한 영양상태를 설명하고 연구비를 요청했다. 그랬더니 선뜻 식품진흥기금에서 일부를 주겠다고 했다. 그래도 활성형 비타민 D의 값이 너무 비싸 제약회사에 문의했더니 일부를 기부하겠다고 했다. 수십 통의 전화를 해야 했지만 결과는 항상 긍정적이었다. 처음에는 1주일분씩 노인들에게 드리면서 집에서 드시라고 했더니 약을 버리거나 심지어 손주에게 주었다고 하여, 대학원 학생이 매일 복지관으로 출근하여 바로 눈앞에서 드시게 하였다. 비타민 D 약제를 약 10개월간 공급하고 골밀도를 측정한 결과, 골밀도가 의미 있게 상승하여 골감소증 환자가 줄어들었다. 이 결과를 정리하여 외국 SCI급 학회지에 투고하였는데 이듬해에 게재되었다.

그 이후로는 학술진흥재단이나 보건복지부에서 크고 작은 연구비들이 많이 생겨 별 어려움 없이 연구를 진행했고, 최근에는 한국인의 나트륨 섭취와 관련된 요인들과 저염 섭취 영양사업을 위한 사전조사를 실시했다. 연구결과를 토대로 외국에서 실시해서 좋은 결과를 내고 있는 DASH(Dietary Approach to Stop Hypertension) 사업을 지역주민에게 대규모로 실천해 보고 싶은 욕구가 간절하지만 공무원들에게 이러한 영양사업의 중요성을 인식시키는 것이 큰 숙제인 것 같다. 중앙의 보건복지부나 지방 행정기구에 아직 영양전담부서가 없고, 식품영양학 전공자도 매우 드물어 이 분야는 우리 영양학계가 풀어나가야 할 과제라고 느낀다.

연구비 규모가 크지 않아 전국적인 무작위추출법이 힘들고 외국처럼 대단위 규모의 연구를 할 수 없다는 것과, 오랜 기간 특정 집단을 관찰하는 코호트 스터디(cohort study) 등이 아직은 많이 없어서 아쉽기는 하나, 우리나라 경제력이 좋아지면 차츰 그런 분야의 연구비 규모도 커지리라 생각된다.

또 하나 아쉬운 점이 있다면, 우리나라에는 전공이나 단과대학 단위의 통계 컨설턴트가 없어서 프로젝트의 디자인부터 통계 처리까지 다양한 컨설팅을 받을 수 있는 체제가 되어 있지 않다는 것이다. 내가 근무하는 대학의 의과대학에 생물통계학 교실이 있기는 했지만, 지리상으로 떨어져 있고 용역 위주로 되어 있어 컨설팅 받기가 쉽지 않았다. 여기저기 통계 워크숍도 다녀보고, 때로는 예방의학교실에서 강사를 초빙해 특강을 들어보기도 했지만 우리가 원하는 것이 정확하게 충족되지 않아 코끼리 뒷다리를 만지는 듯한 느낌이 들 때도 있었다. 지역사회 영양학뿐 아니라 예방의학, 사회학까지도 통계학적인 접근방식이 논문의 질을 좌우하는 매우 중요한 요소이니만큼 이 분야에서의 보강이 꼭 필요하다고 생각된다.

여성과총이라고 하면 대부분 기초과학을 하는 여성들의 단체라는 느낌을 받는다. 기초과학에서 응용과학으로 옮겨온 나의 관점에서 보면, 두 분야 모두 중요하지만 특히 기초과학의 토대가 튼튼하지 않으면 그 위에 쌓아올리는 응용과학 또한 부실해질 수밖에 없다. 그러나 과학의 궁극적인 목적은 기초과학에서 나온 결과를 인간에게 적용하여 인간의 삶의 질을 높이고 안녕을 추구하는 것이므로 응용과학 학문도 결코 소홀히 해서는 안 된다.

이 소 영

Lee So-Young

(주)싸이버트론 기술이사 · 경북대학교 겸임 조교수

경북대학교 전자공학과를 졸업한 후 동대학원 광소자/광통신 분야에서 박사
학위를 받았으며, 현재 경북대학교 겸임 조교수로서 후학들을 양성하고 있다.
또한 동대학원에서 의용생체공학 석사과정을 밟으며 IT/BT 융합을 위한 추
가 연구에 몰두하고 있다. 2003년 1월 광통신 분야의 제조회사를 창업해
(주)싸이버트론의 대표이사직을 역임하였으며, 지금은 (주)싸이버트론의 기술
자문 역할과 한국여성IT기업인협회 상근 부회장직을 맡아 여러 임원들과 함
께 취약한 여성 IT 분야의 진출과 발전을 위한 다양한 방법을 모색하고 있다.
또한 2006년 8월부터 서울시 교수 학습센터와 함께 차세대 IT 글로벌 인재
양성을 위한 1차 시범교육을 토대로 차세대 IT 교육의 새로운 방안을 찾고자
노력중이다. 책읽기와 영화감상을 좋아하고, 새벽녘 안개비 오는 바닷가를 걸
으며 생각을 다지는 것을 일상의 작은 위안으로 삼고 있다.

고통 없이 얻어지는 미래는 없다

고통 없는 결실은 없으며, 꿈이 없는 미래는 없다.

(No Pain, No Gain, No Dream, No Future.)

언제나 나의 연구결과 마지막에 쓰는 소중한 글귀다. 박사학위 논문의 마지막 장에도 쓰였던 이 문구는 지금까지도 내가 지치고 힘들 때 나를 다시금 일으켜 세우는 힘이 되고 있다.

그리고 나를 다독이는 또 하나의 소중한 에너지는, 중학교 시절 작은 체구에 검은테 안경을 쓰셨던 과학선생님의 잔잔한 웃음이다. 돌이켜보면 선생님은, 하늘이 왜 파랗지? 안개는 왜 생기나? 지구가 둥글다는 걸 어떻게 알 수 있지? 심지어 비가 오는 원리조차 너무나도 재미있는 퀴즈놀이처럼, 때론 고대 신화의 한 테마처럼 들려줌으로써 과학이라는 학문에 친근감을 갖게 해주셨다. 그 마음씨 좋은 할아버지 선생님 덕분에 과학시간은 늘 웃음이 끊이지 않았다. 선생님은 답이 틀렸을 경우에도 "음- 그건 20점. 엉- 그건 35점. 좋아!! 97점 잘했어." 이렇게 정답에 조금씩 가까이 가는 맛을 알게 해주셨다.

과학은 호기심이라는 인간의 심리상태를 자극해서 가장 이성적인 결론에 도달하게 하는 수학과 철학, 그리고 예술이 아우러진 최고의 컨버전스(convergence) 학문이란 걸 이제 조금이나마 실감하게 되었지만 그땐 마냥 즐겁고 재미있는 과목이었다. 아마도 그런 즐거움이 오늘 이 글을 쓸 수 있게 한 원동력이 되지 않았을까 한다. 배가 지나는 모습을 보고 지구가 둥글다는 것을 알고, 사과가 떨어지는 것을 보고 중력의 존재를 찾아냈듯이 상상과 호기심이야말로 분명 우리가 간직해야 할 가장 소중한 자산이 아닐까.

새삼 선생님을 기억하다보니 지금의 광전송 장비를 개발하던 때가 생각난다. 2001년 크리스마스이브, 밤새 시스템 오류를 점검한 장비를 꼼꼼히 포장하여 다음날 새벽 함께 실험하던 연구원을 일본 오사카 현지의 스미토모 공장으로 떠나보냈다. 한 달 전 며칠씩 함께 밤을 새며 신뢰성 테스트를 하던 곳으로. 그리고는 연구소 의자에서 날이 밝을 때까지 잠시 잠을 청했다.

2002년 초 일본 NTT 도코모에 이어 도쿄전력(Tokyo Electric Power)과 간사이전력(Kansai Electric Power)이 FTTH(Fiber To The Home) 서비스를 위하여 최종 제품 선정을 위한 BMT(Bench Marking Test)를 시작할 무렵, 우리 역시 전 세계 동종 분야의 연구진들과 마찬가지로 이 최종시험을 통과하기 위해 크리스마스를 연구소에서 보낸 것이다.

ADSL로 명성을 떨치던 한국의 인터넷 기반을 넘어서기 위하여 일본은 이미 집집마다 광파이버를 연결하는 FTTH 서비스를 시작하고 있었고, 우리는 스미토모 전공이 개발한 특수 플라스틱 광파이버를 가지고 거의 1년여 이상을 저가의 신뢰성 있는 시스템 개발에 매달렸다. 심지어 챔버가 있는 회사의 연구실을 빌려 사흘 이상 장비를 지켜보면서, 챔버의 온도계가 영하 10도를 지날 때부터는 챔버의 작은 유리창에 얼굴을 대고 꽁꽁 얼어버린 장비로부터 아무 응답 없는 전송 데이터에 마음을 졸인 적이 한두 번이 아니었다. 물론 이 챔버 실험을 하기까지는 한국 내 여러 방면의 연구진들이 많은 도움을 주었다.

맨 처음 스미토모에서 소개받은 플라스틱 파이버의 카탈로그를 받아들고 한국시장에 접목할 수 있는 방안을 찾기 위해 시작한 실험이 광파이버의 구조에 따른 광전송 특성 분석이었다. 경기도에 위치한 연구소와 경북대학교를 오가며, 지금까지 장거리 전송용 광파이버로 사용되던 것과는 다른 이 파이버에 대해 종합적인 분석을 했다. 기존의 광전송 파이버와는 달리 직경도 크고 파장에 따른 손실도 다른 점을 보면서, 광전송 매체에 대한 연구뿐 아니라 이 파이버에 적합한 광원, 손실이 적은 파장대의 선택, 그리고 저비용의 장비개발을 위한 조건들을 찾아내고 심지어 새로운 광 커넥터 개발까지 모든 것을 완전히 새로 접근해야 했다. 의지를 가지고 함께 참여했던 여러 회사들의 적극적인 지지와 연구원들의 열의가 없었다면 이루어낼 수 없었을지도 모르는 일이었다.

예상대로 BMT는 당당히 통과를 했다. 너무나도 기뻐 그날은 거의 밤을 잊고 함께 했던 동료들과 술잔을 기울였다. 그러나 기쁨도 잠시, 스미토모로부터 일본의 FTTH 서비스는 더 이상 광스위치 방식으로 진행하지 않을 것이라는 연락이 왔다. 더욱이 소량의 시스템 발주는 대만의 모 회사로 넘어갔다는 얘기까지 전해 들었다.

여름까지 계속된 BMT 기간 중 모 회사의 제품이 낙뢰에 맞아 시스템 전체가 마비된 것이 화근이었다. 당시 일본은 전봇대 위에 광스위치를 놓고 집안에 광미디어 컨버터를 넣는 형식의 FTTH 서비스를 구현하고 있었는데, 낙뢰에 광스위치 전원부가 손상을 입으면서 스위치 하단에 연결된 최소 20가구 이상의 인터넷이 불통이 된 것이었다.

2006년 현재 한국과 일본의 FTTH 서비스가 수동형광네트워크(PON: Passive Optical Network) 방식으로 이루어지는 계기가 된 사건으로, 당시의 나로서는 너무나도 받아들이기 힘든 결과였다. 그러나 이 일은 현재 내 개발제품들이 수동형광네트워크에 기반을 둔 응용제품으로 변화하게 된 중요한 기회가 되었으며, 밤늦도록 책상머리를 서성거리게 한 또 하나의 도전거리였다.

돌이켜보면 너무나 힘들고 뼈아픈 시간들이었지만, 시간가는 줄 모르고 정말 신명나게 일과 연구에 심취하게 해준 소중하고 귀한 시간이기도 했다. 또한 기술에 대한 개발과 연구의 결과가 '성공'이더라도 결국 이를 사업화 측면에서 성공으로 이끄는 것은 기술만이 아닌 많은 요소들이 어우러져야 한다는 것을 배우게 되었다. 모든 일이 지난 지금은 담담한 마음으로 추억처럼 글을 적어 내려가고 있지만, 과학과 기술, 그리고 비즈니스라는 그림의 교집합을 어떻게 만들 것인가를 좀더 신중하게 생각하게 한 계기가 되었다.

현재 수동형광네트워크에 기반을 둔 새로운 기술들이 끊임없이 개발되고 있으며, 엄청난 비용과 연구진들의 소중한 시간들이 투자되고 있다. 과연 누가 이 시장의 강자로 살아남을지 가히 두렵기까지 한 이유는 개발과 사업에 대한 예전의 경험 때문이 아닐까 한다. 하지만 정말 신명나는 것은 2006년 오늘 한국이라는 나의 조국이 IT 강국의 신화를 넘어, 유비쿼터스라는 환경의 최적지로서 유무선 통합기술 개발을 위한 테스트베드로 주목받고 있다는 점이다. 또한 한국의 새로운 IT 기술들이 하나씩 세계 표준을 주도하면서 연구에 대한 열정을 더욱 불태울 수 있는 IT 인프라가 구축되었고, 더욱 감격스러운 것은 밤새워 준비한 새로운 기술들을 검증받기 위해 해외로 가는 것이 아니라 한국의 IT 인프라를 이용하여 충분히 검증된 독자적 기술들이 전 세계로 뻗어나가게 되었다는 것이다.

새로운 이론과 기술과 싸우고 있을 수많은 이공계 동료들과 선후배들의 노력에 글로나마 다시 한번 감사의 인사를 전해본다. 그러나 분명 우리가 기억하고 가슴속 깊이 다짐해야 하는 것은 과학의 결과물에 대한 책임은 우리가 져야 한다는 것이다. 앞으로 나와 비슷한 길을 가거나 이미 종사하고 있는 모든 동료들과 후배들께 감히 드리고 싶은 말, 아니 어쩌면 이 글을 쓰는 나에게 먼저 하고 싶은 말인지도 모르지만, 나 혼자만의 연구가 아니고, 나 혼자만 사용할 결과물이 아니라면 반드시 세 가지 요인을 함께 고려하여 연구 결과물을 탄생시키길 바란다.

첫째, 이 연구가 과연 현실 속에서 정확히 어디에 사용될 수 있을 것인가? 사용된다면 어떤 결과를 초래할 것인가? 성공하거나 실패하거나 간에.

둘째, 함께한 사람들에게 도움이 될 것인가? 아니면 누를 끼치게 될 것인가?

셋째, 일부 거짓말을 해서라도 끝까지 갈 것인가? 아니면 새로 시작하더라도 진실하게 결과물을 만들어낼 것인가?

물론 이러한 확인은 연구원들에게만 해당되는 것은 아닐 것이다. 하지만 최고의 엘리트라 자부하는 우리들의 가슴속에 더욱더 깊이 새겨, 결코 흔들리거나 약해지지 않도록 스스로를 담금질해야 할 것이다. 수많은 기술이 생겨났다 사라지고 다시 이기종간 통합기술로 탄생하는 지금의 융합기술, 즉 FT(Fusion Technology)는 인간의 무한한 지적 호기심과 과학적 탐구, 그리고 지치지 않는 열정에 의해서만 이루어진다고 생각한다. 진정한 과학과 첨단기술의 만남이 이제 IT를 넘어 유비쿼터스 시대를 선도하는 FT 강국 한국의 제2, 제3의 르네상스를 창조할 것이며, 2030년 FT 강국 한국을 위하여 오늘 나는, 그리고 우리는 무엇을 해야 할 것인지를 다시 한 번 진지하게 고민하고, 진정 내가 만든 결과물이 나의 것이 아닌 모두의 것으로서 승화 발전할 수 있는 기회의 문을 여는 열쇠가 되길 바란다.

마지막으로 소가 되새김질 하듯 나의 머리와 가슴속 깊이 새겨놓은 글을 옮기며, 부족한 이 글을 마무리하고자 한다.

고통 없는 결실은 있을 수 없으며, 꿈이 없는 미래는 존재하지 않는다.

이 소 우
Lee So-Woo

서울대학교 간호대학 교수

서울대학교 간호대학을 졸업하고 미국 보스턴대학교에서 정신간호학으로 간
호학 석사학위를, 1982년 연세대학교 대학원에서 이학박사 학위를 받았다.
1964년 이후 서울대학교 병원 간호사를 거쳐 현재 간호대학 교수로 재직하
고 있다. 1991년 미국 시애틀에 있는 워싱턴대학교 스트레스증상관리센터에
서 1년간 박사후연구원으로 바이오피드백을 이용한 스트레스 증상 완화에 관
한 연구를 하였고, 1995년 바이오피드백에 관한 연구로 과학기술 우수논문
상을 수상했다.

끊임없는 도전이야말로 과학하는 자세

나는 현재 서울대학교 간호대학에서 정신간호학 전공 교수로 재직 중이다. 간호학에서의 전공은 아동, 성인, 정신, 모성과 여성, 지역사회, 간호정보, 간호정책 또는 관리행정으로 구분되는데, 이것은 인간, 환경, 건강, 간호행위의 맥락에서 구분된다. 그 가운데 정신간호학은 정신병리에 이상이 있는 소위 정신질환자의 간호를 전공하는 것으로, 나의 간호사 시절 임상경험도 정신과 병동에서 이루어졌다. 이것이 연구 관심의 기초가 되었다고 말할 수 있다.

정신병에서부터 출발한 연구 관심

인간을 간호학적 시각으로 나누어보면 임산부와 태아에서부터 유아, 학령기 아동, 청소년, 성인, 노인으로 나누고, 환경을 간호학적 시각으로 보면 물리적 · 인적 환경을 비롯해 사회 · 정치 · 경제 환경 및 자연 환경에 이르기까지 건강에 영향을 주는 인간 내외부 환경 조건을 망라한다. 건강이라는 개념은 너무 넓고 애매한 기준으로 설명되기 때문에 단순히 아프다, 고통스럽다라는 것을 넘어 계속 추구되어야 할 주제다. 간호개념은 일반적으로 인간의 역사 이래 신생아 출생부터 어머니가 양육하는 과정에서 보이는 모든 행위의 본질적인 돌봄과 생명의 촉진, 유지, 행복한 삶의 성장 발달을 도와주는 것으로 밀할 수 있다.

나는 간호와 관련된 이러한 지식과 상식 없이 먼저 정신질환자에 대한 연민과 아픔의 감정, 그리고 인간 본성이 가지고 있는 동정적 관심에서부터 이 길로 접어들어 40여 년 넘는 연구와 교육의 여정을 계속해 왔다.

내가 정신과 병동 감독간호사로 근무하던 1960년대 말, 스무 살이 갓 넘은 젊은 여성이 '신경성 식욕부진' 이라는 의학진단으로 입원했다. 몸무게는 23킬로그램(키는 155센티미터 이상으로 기억) 정도로 서 있기도 어려울 정도로 마른 상태였고, 구강 식사를 하면 위험할 정도로 쇠약했다. 원인이야 어떻든 일반적인 입원 사유가 되었고 세심한 환자 관찰과 영양유지가 필요했다. 여러 가지 심리적 · 환경적 지지 프로그램이 계획되었지만 환자의 협조가 문제였다. 죽기로 마음먹고 식사를 거부했다는 환자의 표면적인 이유는 치료 프로그램을 거부하기에 타당한 것처럼 보여 더욱 의료진을 당황하게 했다. 결론적으로 치료가 될 수 있었던 배경에는 당시 실습 나왔던 또래 간호학과 학생과의 공감대가 큰 힘이 되었다.

내가 이 사례에서 관심을 가진 것은 어떻게 23킬로그램의 체중으로도 그렇게 명료하게 과거의 모든 아픔을 기억하고, 그것을 삶과 죽음의 의미로 연결시켜 가장 손쉬운(본인의 설명에 의하면) 방법으로 해결하고자 했을까 하는 것이었다. 지금은 흔해졌지만 당시에는 다이어트에 대한 인식도 없었을 뿐더러 죽고자 식욕을 상실하고 굶는 일은 보통사람으로는 생각하기 어려운 것이었다. 당시는 마치 먹기 위해 사는 듯한 분위기였고, 어느 정도 체중이 나가야 사장님처럼 보인다고 부러워했던 시절이니 말이다. 결국 이 환자는 정신과적 도움이 필요했다. 체중이 20킬로그램 정도가 될 만큼 심각한 젊은 여성의 고민을 의료적 도움으로 치료할 수 있다면 매력적인 도전 과제가 될 것이라고 생각하면서 더욱 정신간호에 매력을 느끼게 되었다.

정신과적 문제는 주변 환경이 개인에게 충격이 되어 대응하지 못할 정도로 스트레스가 되거나, 가장 가까운 가족간의 역동적 관계가 크게 작용하여 마음과 신체에 상처를 받으면서 나타날 수 있다. 더욱이 현대사회는 모든 연령층이 갖가지 사연으로 스트레스를 받아 정신질환뿐만 아니라 암까지 유발함으로써 심각한 문제가 되고 있다. 나는 이 문제에 관심을 가지고 박사학위 논문에서 스트레스와 관련된 주제로 연구를 하였다.

또한 가족관계에 대한 관심으로부터 건강한 가족 관계가 정신건강과 인격형성에 중요한 요인이 된다는 사실을 깊이 확인하면서 건강가족 실천운동이라는 시민 단체를 만드는 데도 합류했다. 1980년대 초에 희대의 살인사건이 있었다. 그 사건의 범인이 자신과 전혀 무관한 사람의 생명을 무참하게 죽이면서도 일고의 죄의식이 없었다는 신문 보도는 온 국민이 자신의 가정교육과 자녀와의 관계가 건강한가를 되돌아보는 계기가 되었다. 그러한 범죄행위는 온전한 정신건강에서 나온 행태라고 볼 수 없었고, 결국 가족으로부터 받은 상처가 작용했다는 것이 밝혀지면서 건강가족 유지가 정신건강 유지로 이어진다는 개인적 확신으로 시민운동에 적극 활동하였다.

이런 활동으로 나는 국가로부터 국민포장을 받았다. 물론 상을 받고자 활동한 것은 아니지만 교수로서 나 자신이 믿는 신조와 전공 영역 안에서 사회봉사한 수십 여 년의 결과였다고 생각한다. 이러한 가족운동이 쉽사리 눈에 띄는 변화를 가져오지 못하는 데 대한 아쉬움도 있지만 혼자 다 이룰 수 없는 지속적 연구과제라고 스스로 위로하곤 한다. 즉 빠르게 변화하는 여러 가지 사회현상에 대한 다양한 대처와 체계적인 문제해결을 위한 끊임없는 도전, 그리고 여러 의문에 대한 해법을 과학하는 자세로 이어갈 젊은 후배들의 역할을 기대하게 된다.

모든 환자들의 심리간호

미국에 유학하던 1970년대에 엘리자베스 퀴블러로스라는 여성 정신과 의사의 《죽음의 순간On Death & Dying》이라는 책이 베스트셀러가 되어서 세미나 시간에 토론한 적이 있었다. 이를 통해 임종하는 사람에게도 심리적 변화 단계가 있다는 사실을 알고 흥분할 정도로 감동을 받아 1975년 귀국해서 학생들에게 이 이론을 강의하기 시작하면서 호스피스 운동과 연구를 하게 되었다. 호스피스가 정신간호와 밀접한 연구주제인 것은 말할 나위가 없다. 말기암환자나 에이즈 등 불치의 질환으로 현대의학의 도움을 받지 못하는 많은 사람들이 죽음까지 질적인 삶을 유지하려면 이를 과학적 간호로 도와주어야 한다. 과학적 간호란 논리적이며 경험적인 증거로 설명할 수 있고, 누구에게나 어느 곳에서나 그 효율성이 증명될 수 있는 간호를 말한다.

정신간호학하면 비과학적 요소가 많은 것으로 생각하기 쉽다. 그러나 근본적으로 정신의 세계를 설명하고자 노력한 역사를 보면, 모든 것을 과학적으로 이론화하지 않고는 지금까지 전수(?)된 것이 없다. 다시 말하면 뇌의 기능을 비롯해 (정신의 세계가 담긴 말의 능력과 과정 설명은 뇌의 기능으로 설명되고 있기 때문에) 정신분석 이론에 이르는 많은 학자들의 이론이 정신과 신체의 관계 속에서 또는 상호작용 속에서 설명되고 연구되어 검증되었고 나아가 일탈된 문제를 치료해온 것이다. 이런 근거 속에서 정신간호가 수행되기 때문에 정신간호의 과학화는 계속 개발되고 검증되어야 한다. 이것이 이 학문의 후속세대에게 기대하는 부분이기도 하다.

일반적으로 모든 환자들은 신체적인 질병과 함께 마음의 고통, 근심, 염려 등 갖가지 불안하고 불안정한 심리상태에 놓이게 된다. 심리적 불안이 신체질병의 회복 여부에 영향을 끼친다는 많은 연구가 있는데, 이 또한 정신간호의 연구주제이다. 병이 생기면 대부분의 사람들은 심리적 안정이 깨진다. 이 부조화 상태의 평형을 돕는 방법을 개발하는 것이 정신간호이기 때문에 정신질환의 간호만이 아니라 신체질환자의 심리간호 개발 또한 중요한 연구 분야가 되고 있다. 말기실환자에 대한 나의 간호 연구도 이런 배경과 근거에 의해 이루어졌다.

이와 같은 주제는 우리 사회가 고도로 과학문명화 할수록 더욱 확산될 추세다. 우리는 아무리 생활이 과학화·기계화되어도 사람의 마음까지 행복해지지는 않는다는 사례를 익히 경험하고 있다. 컴퓨터 게임이나 인터넷 기술이 그렇고(누가 인터넷을 통해 같이 죽을 사람을 모으리라고 상상이나 했겠는가?), 패스트푸드로 가족의 식탁 교육이 사라져 가족의 정과 관계형성의 차원도 달라질 추세다.

내가 젊은 여학생들에게 강조하고 싶은 것은, 자타가 자신의 능력을 인정한다면 그 재주를 실천에 옮기는 데 주저하지 말라는 것이다. 대학에서는 개인과 사회, 국가, 나아가 인류에게 도움이 되는 것을 안내한다. 학문에 귀천은 없다. 그러므로 자신이 관심과 흥미를 느끼는 분야에 올인해보라. 자기가 선택한 분야에 최선을 다하면서, 다른 사람들도(선배과학자) 하는데 나라고 못하겠는가라는 평범하고 소박한 결심으로 실천하라고 권하고 싶다. 또한 무슨 일이든 자기가 수행하는 일에서, 자기를 위해서 뿐만 아니라 다른 사람들의 안위와 편안함까지 배려하는 아름다운 돌봄 정신도 함께 키워 나가야 할 의무를 잊지 않았으면 하는 바람이다.

이 영 란
Lee Young-Ran

(주)청석엔지니어링 주임

한양대학교 교통공학과를 졸업하고 서울특별시버스운송사업조합을 거쳐, 현재는 (주)청석엔지니어링에서 주임으로 근무하고 있다. 새로운 분야에 대한 강한 호기심과 끊임없는 발전을 위해 성균관대학교 경영대학원에서 경영학석사를 받았으며, 한국여성공학기술인협회 회원으로 활동하면서 여성공학인으로서 후배들에게 먼저 경험한 사회를 보여주고 그들이 진로를 정하는 데도움을 줄 수 있도록 특강과 자문위원 등의 역할을 담당하고 있다. 새로운 것을 접하고 배울 때 가장 신이 난다는 그녀는 이른 아침 수영과 중국어를 통해 오늘도 선물로 받은 하루를 즐겁게 시작하고 있다.

다른 길을 생각해본 적이 없다

교통?

사람들이 묻는다. "무슨 일을 하냐"고. 이런 질문을 받을 때면 난 어디서부터 설명을 해야 하나 잠깐 고민에 빠진다. 누구는 교통경찰이 하는 일을 하느냐고 묻기도 하고, 또 어떤 이는 신호등을 청소하는 것 아니냐며 농담 섞인 이야기를 하기도 한다. 난 어떻게 설명해야 쉽게 이해를 시킬 수 있을까 생각하면서, 주변에서 쉽게 찾아볼 수 있는 예를 들며 정신없이 열을 올리는 나를 발견하고는 한다. 요즘은 아쉬운 대로 〈미션 임파서블 3〉를 한번 보라고 한다. 주인공인 톰 크루즈가 교통국에서 일을 한다고 하면서, 부인 친구들에게 자신의 일을 설명하는 부분이 일부 나오기 때문이다.

교통은 국가 경제 및 국민 복지에 지대한 영향을 주는 생활의 기본요소로, 사회가 현대화 및 선진화되어 갈수록 그 중요성이 더욱 강조되고 있다. 흔히 사람이나 화물을 단순히 한 장소에서 다른 장소로 이동시키는 것이 교통이라고 생각하기 쉽지만, 실제로 교통의 분야는 매우 다양하며 종합적이고 과학적인 분석을 필요로 한다. 교통은 통계학, 수학, 경제학, 체계분석학, 토목공학, 행정학이 토대가 되고, 교통계획, 교통체계론, 대중교통, 교통류이론, 교통경제, 도로공학, 교통운영, 화물교통 등 여러 분야가 연계되어 조화를 이루며, 지역간의 사회, 정치적인 교류를 촉진하고 더 나아가 국가 발전에 이바지 하는 학문이라고 볼 수 있다.

〈미션 임파서블 3〉에서 톰 크루즈가 소개한 것처럼 고속도로에서 차량 사고가 나거나 차량의 소통을 저해하는 요인이 발생하면, 몇 미터 몇백 미터 뒤에는 엄청난 차량 지체가 형성된다. 우리는 이러한 지체에 대한 파장을 계산하여 그 해결 방안을 제시하고, 교통체증이 심한 도로의 혼잡을 감소시키는 방법들을 연구하여 가장 효율적인 대안을 찾아내야 한다. 또한 새로운 사업들로 인해 발생되는 차량의 수요를 예측하고, 차량 증가로 인한 교통상의 악

영향을 절감할 수 있는(신호등의 주기를 조정하거나 보행자 안전시설을 설치하거나 교차로의 구조를 개선하는 등 공공의 편익을 최대화 하는) 방안을 제시하는 일도 교통전문가들이 해야 하는 일이다. 사실 교통전문가가 해야 할 일은 참으로 많다.

나의 역할모델인 교통전문가

교통이라는 전문 분야가 생긴 지는 그리 오래 되지 않았다. 물론 걸음마를 시작하는 어린이의 시기는 지났고 끊임없이 관심을 가져야 하는 청소년기도 지났다. 스스로 생각하고 일을 추진해 갈 수 있는 지금이기에 우리는 스스로를 '젊은 교통인'이라고 부른다. 그럼에도 교통전문가는 아직까지 사람들에게 생소하고 낯선 분야다. 더욱이 교통전문가 가운데 여성은 현직에 계신 몇 분을 제외하고는 손으로 꼽을 정도로 적다.

그런 길을 내가 걷고 있다. 처음 대학에 입학했을 때는 교통이라는 학문이 그저 신기하게만 느껴졌다. 그즈음 막 인기몰이를 하던 도시계획, 도시공학과와 마찬가지로 교통 분야도 미개척 분야 가운데 하나였고, 전례가 많지 않으므로 도전해볼 만한 세계라는 생각이 들었다. 그런데 내가 진짜 교통인으로, 교통전문가로 살아야겠다고 결정을 하게 된 것은 현재 나의 멘토이며 직장상사로 계시는 김설주 전무님 때문이었다.

어느 날 학부 수업시간에 교수님이 소개하신 초청강사가 그분이었다. 여러 번 초청강사 시간이 있었지만 그때까지는 모두 남성이었고, 여성전문가가 있으리라고는 생각해본 적도 없었다. 당당하게 수업을 진행해 나가는 그분을 뵈면서, '교통이라는 분야에도 여성전문가가 있었구나, 여성이 하지 못할 분야가 아니구나' 라는 놀라움과 기대감이 어느새 나도 저분처럼 되고 싶다는 꿈으로 바뀌며 그분을 내 인생의 멘토로 세워놓고 있었다. 나중에 알게 된 사실이지만 그분이 교통전문가 여성1호였다.

첫출발, 그리고 지금 내가 서 있는 곳

학부 졸업 후 나는 서울특별시버스운송사업조합 기획실에서 근무를 하게 되었다. 서울시의 대중교통은 버스와 지하철로 나눌 수 있다. 그러나 한정된 인프라에 계속 늘어나는 차량들로 인해 버스의 경쟁력은 약화되었다. 더욱이 시간을 맞출 수도 없고 쾌적하지도 않은 버스에 대한 시민들의 반응은 불만을 토로하는 수준에서 외면하는 지경에까지 이르게 되었다. 계속되는 재정 악화로 몇 년 사이에 버스업체의 부도가 이어지자 서울시에서는 버스에 대해 대대적인 조치를 취해야만 했다.

버스운송조합에서 내가 맡은 일은 버스정책에 관한 일을 계획하고, 버스업계의 어려움 해소를 위한 보조금 및 업계 경영지원과 버스요금 결정 등 버스에 관한 전반적인 일이었다. 업무특성상 경제학과 경영학에 대한 필요성을 절감해 성균관대학 경영대학원에서 MBA 과정을 공부했다. 그러나 정책적인 일들을 추진하면서 교통의 다른 분야에 대한 욕심이 생기기 시작했다. 앉아서만 하는 일이 아니라 현장을 뛰어다니며 내가 스스로 느낄 수 있는 교통을 접하고 싶었다. 그래서 새롭게 둥지를 튼 곳이 지금 일하고 있는 (주)청석엔지니어링이다.

그리고 이 회사에서 김설주 전무님을 다시 만나게 되었다. 학부 때의 감격이 되살아오면서 잃어버렸던 무언가를 찾은 듯하던 면접 때의 기분은 지금 생각해도 이것이 정말 내 길이라는 확신을 가지게 한다.

사람은 누구나 선택과 결정의 순간을 맞게 된다. 무엇을 결정하든지 간에 그에 대한 책임은 전적으로 자신이 떠맡아야 한다. 사실 엔지니어로 이직을 생각할 때 많은 선배들의 반대가 있었다. 자신들이 먼저 겪은 엔지니어 생활은 남성도 힘들어하는 분야라며, 굳이 편한 직장을 뛰쳐나와 사서 고생을 하려는 내게 진심어린 충고를 해주었다. 그러나 결정은 내가 했고, 내 방향은 이미 교통인으로서 맞춰졌다. 물론 가끔은 이 일이 생각처럼 쉽지 않을 때도 있다. 일이 많아 힘이 들 때도 있고, 풀기 어려운 수학 문제를 눈앞에 두고 있는 것처럼 답답한 상황이 생길 때도 있다.

이런 적이 있었다. 담당자가 나인데도 상대편 회사에서는 여성이 담당자일 거라고는 생각하지 못하는 모양이었다. 내가 담당한 과업에 대한 문의여서 설명을 하려고 했더니 남자 담당자를 바꿔달라는 것이었다. 할 수 없이 같이 담당을 하시던 이사님에게 전화를 돌려드렸는데, 이사님은 그 과업 실무 담당자가 다른 사람이라며 내게 다시 전화를 돌려주었다. 상대편은 여성이 이 일을 맡았을 거라고는 생각 못했다며 미안하다고 말했지만, 여성이기에 사소한 일에서부터 부딪히는 문제들이 가끔은 억울할 때도 있다.

그러나 그래도 난 아직 여기에 서 있다. 그리고 이곳에서 나는 실제적이고 구체적인 모델을 통해 하루하루 배우고 있다. 멀리서 바라보는 존경의 대상은 삶의 계기는 만들어줄 수 있지만 방향을 설정해주고 구체적인 행동을 보여주는 멘토의 역할은 감당하지 못한다. 그런데 지금 나의 상사인 그분은 이런 모습을 보여주고 계신다. 실제적이고 구체적인 교통전문가로서의 모습을 말이다.

나는 후배들에게 이 점을 말해주고 싶다. 성공하기를 원하고 정말 하고 싶은 것이 있다면, 그 분야에 대한 올바른 역할모델을 찾아 가까이서 그 삶을 보고 배우고 부딪쳐보라고.

나의 일, 나의 희망

2004년 7월 서울시의 대대적인 대중교통 체계 개편이 이뤄졌다. 버스 시스템의 개편과 함께 중앙버스전용차로제가 시행이 된 것이다. 청석으로 옮기면서 가장 먼저 맡은 일이 강남대로의 중앙버스전용차로제 과업이었다. 학부 때 가로변에 정차하던 버스를 도로 중앙으로 옮겨온다는 이론을 배우기는 했어도 실제로 가능할까 하는 생각을 가지고 있었다. 버스정차를 도로 중앙으로 설계한다는 것은 버스노선에 대한 정확한 이해와 함께 타 교통수단의 통행과 교통류의 영향관계까지 고려해야 하는 쉽지 않은 일이기 때문이었다.

중앙버스전용차로제를 실시하게 되면, 교통의 흐름이 바뀌어서 개인 교통수단의 유턴이나 좌회전 금지가 발생한다. 따라서 이에 대한 우회방안을 마련하기 위해 과업구간 전체를 걸어다니면서 이면도로 하나하나를 파악하고 우회도로를 선정해야만 했다. 춥고 배고픈 현장조사 업무였다. 그러나 막상 강남대로에 중앙버스전용차로제가 시행되고, 서울의 대중교통 시스템이 시민들에게 좋은 반응을 얻으면서 엔지니어로서의 자부심을 느꼈다. 내가 시민들에게 안전과 편리함을 제공하는 일을 하고 있고, 또한 작지만 국가 발전에도 일조를 하고 있다는 자부심이 비록 힘들어도 이 일을 계속하게 만드는 원동력이 되었다.

지금 나는 새롭게 시작한 과업의 현장조사를 위해 강원도의 한 낯선 곳에 와 있다. 이곳에서 나는 매일 바쁘게 돌아가던 일상에서 조금 벗어나 내가 어떠한 일을 하고 있는지 다시 한번 되돌아볼 수 있는 시간을 즐기고도 있다. 사실 원고청탁을 받았을 때 내가 어떠한 자격으로 이 글을 쓸 수 있을까, 아직 사회 경험이 많지 않은 내가 후배들에게 어떤 이야기들을 들려줄 수 있을까 하는 고민으로 망설였다. 그러나 나의 경험이, 그리고 내 삶의 이야기가 이제 사회에 첫발을 내딛는 후배들에게 현장에서 접하는 일들을 조금이나마 알리는 계기가 되기를 바라는 마음으로 이 글을 쓰고 있다. 그리고 이 기회를 통해 나 스스로를 점검할 수 있음에 감사한다.

지금 이곳에서 내가 하는 일은, 경원선 복원사업의 교통영향평가 파트다. 처음 교통을 시작하면서 꼭 한 가지 해보고 싶은 일이 있었다. 우리나라가 통일이 될 때 북으로 가는 길을 내 손으로 만드는 것, 그 일이 도로설계이든 철도의 노반공사이든 어떠한 형태로라도 그 일에 참여하고 싶다는 것이었다. 종교적 신념에 의한 욕심일지도 모르지만 그 일을 꼭 내 손으로 해보고 싶었고, 지금 이 일이 어쩌면 그 일의 초석이 될 수도 있다고 생각하기에 이번 과업에 대한 욕심과 기대감이 크다.

현장조사를 위해 일반인들이 출입할 수 없는 민통선 지역을 돌아다니면서 남북한이 갈라져 서로 총을 겨누고 있는 상황을 바라본다. 지금은 힘이 들지만 언젠가는 하나가 될 이 나라에 대한 믿음을 가지고, 교통인으로서의 길을 걷게 해주신 하나님께 감사드린다.

생각해본 적이 없다

어느 방송사의 광고에서 2006년 독일의 그라운드를 종횡무진 누빈 이영표 선수의 일문일답을 본 적이 있다. "천재는 노력하는 사람을 이길 수 없고 노력하는 사람은 즐기는 사람을 이길 수가 없다. 즐기는 것과 발전하는 것, 내가 축구를 하는 이유다. 혹시 축구를 하지 않았다면 지금 뭘 하고 있을까? 어떤 삶을 꿈꾸고 있을까?" 그 짧은 순간 난 이영표 선수가 마지막 질문에 어떤 대답을 할까 생각했다.

그리고 만약 내가 교통 분야의 일을 하고 있지 않다면 어떤 모습일까를 생각해보았다. 그림 그리는 것을 좋아하니까 미대를 졸업하고 디자이너가 되어 있을까? 아이들을 좋아하니까 학교 선생님을 하고 있을까? 잠시 경험하지 못한 다른 분야에 대한 동경으로 많은 생각이 스쳤는데 이영표 선수의 마지막 말이 한동안 나를 멍하게 만들었다.

"생각해본 적이 없다."

나 또한 후배들에게 이런 멋진 대답을 하고 싶다. 그러기 위해서 오늘도 열심히 뛸 것이다. 여성으로서 엔지니어로 살아가는 것이 쉽지만은 않아서 어렵고 힘든 일이 생기면 도망가고 싶을 때도 생기겠지만, 그래도 이 일을 즐기고 있는 이 순간을 기억하며 이 분야의 끝에 서보는 것, 그것이 지금 나의 한 가지 꿈이다.

이 윤 희
Lee Yun-Hi

고려대학교 물리학과 교수

1963년 2월 28일 강원도 인제에서 출생하여, 1985년 고려대학교 물리학과
를 수석으로 졸업하고 동대학원에서 고체물리실험 전공으로 석사와 박사 학
위를 받았다. 1987년부터 2002년까지 한국과학기술연구원(KIST) 정보재
료소자연구센터에서 책임연구원으로 근무하였으며, 2002년 9월부터 모교인
고려대학교 물리학과의 교수로 재직하고 있다. KIST 재직 시절에 탄소나노
튜브 소자 기술로서 과학기술부 국가지정연구실(NRL)에 선정되었으며,
2006년 나노트랜지스터 국가지정연구실로 다시 선정되는 영예를 안았다.
90여 편의 해외 SCI 논문을 발표하여 미국과 일본에서 두 번의 논문상을
수상하였고, 국내 학회에서 각각 학술상과 논문상을 수상하였다. 25건의 국
내외 특허등록과 2권의 역서와 저서가 있다.

나에게 있어 과학이란 무엇인가

물리의 명료함을 좋아하다

고등학교 때에 물리시간이 좋았다. 그 이유는 물리의 명료함에 있었던 것 같다. 화학이나 생물과는 달리 몇 가지의 원리만 알면 특별히 애먹이지 않고 정확하게 풀리던 물리 문제들이 간단하고 명료한 것을 좋아하는 내게 딱 맞아 떨어졌던 것이다.

　　다른 학생들과 달리 대학 입학 후에는 고등학교 때보다 시간을 더 잘 사용하려고 애썼다. 비록 장학생이기는 했지만, 당시 다른 대학에서 우수학생 유치를 목적으로 매월 소정의 생활비 지원, 대학원 진학 시 장학금과 나아가 유학 후까지 보장하겠다는 증서를 받고서도 이를 접고 고려대에 입학한 터였다. 집안에 조금이라도 도움이 되는 학교를 택하지 않은 것에 대한 죄송스런 마음이 컸던 데다 아파 누워 계신 날이 많았던 어머니에게는 공부 잘하는 내가 큰 즐거움 가운데 하나라는 것도 잘 알고 있었다. 나이 들고나서 생각하니 마치 어린이 같아 웃음도 나지만, 1981년 대학 1학년 여름방학 때에 학교 가서 성적 확인을 하자마자 나는 곧바로 집에 전화를 하였다. 그날도 내가 아침에 나올 때 누워계시던 엄마를 좀 일으켜 세우고 싶었다. 건강이 안 좋은 탓도 있었겠지만 엄마는 나의 작은 일에 감동하고 또한 작은 일에도 실망하는 경우가 많았으므로 나는 앞만 보고 걸었다.

당시에는 물리학과에 여학생이 흔치 않아서 보통 한 학년에 한둘 정도였는데 우리 81학번은 운 좋게도 여섯 명이나 되었다. 3학년이 되면서 우리는 친목도모 등을 핑계로 4학년인 79학번부터 83학번 후배까지 뜻을 모아 'PHYSICS HARMONY'라는 중창 팀을 만들었다. 우리는 스승의 날이나 종강, 개강 전후에 일주일 정도 '우리는 어디서 무엇이 되어 다시 만나랴(유심초 노래)', 'I understand' 같은 레퍼토리를 맹연습해서 선후배들을 초청하여 어설픈 공연을 하곤 했는데 그 기억은 지금도 즐거운 추억이 되고 있다. 특히 겨울방학 직전 종강과 기말시험을 마칠 즈음의 학과 종강모임 공연은 며칠 전부터 손꼽아 기다리곤 했다.

1985년 당시 국내 대학원 과정에서 받을 수 있던 장학금은 교육조교장학금이 유일했다. 그런데 문교부 산하 학술진흥재단에서 전국의 이공학 분야 석사와 박사 학생 가운데에서 두 명의 우수 대학원생을 선발해서 장학금을 수여하고 있었다. 나름대로 충실한 대학 생활을 한 결과 수석 졸업했으므로 공모 서류를 제출하였지만, 그다지 자신은 없었다. 그런데 어느 날 아침 지도교수님이 지금의 교수신문 비슷한 것을 들고 오셔서 건네주며 축하해주셨다. 나는 운 좋게도 대학원 과정의 경제적인 문제를 단숨에 해결하고 연구실 생활을 해나갔다.

대학원 2학기를 마치면서 진로를 생각했다. 유학을 가야겠다고 생각했는데, 그렇게 결정하기까지는 내가 대학 2학년 때 기초물리 조교를 했고 우리 연구실에서 석사를 마친 후 미네소타대학으로 유학을 간 선배님의 영향이 컸다. 선배님은 학부 때부터 나를 각별하게 대해주었다. 개구쟁이 팀원들이 당구장에서 노느라 실험시간이 끝날 때까지도 나타나질 않아 혼자 꾸역꾸역 실험하는 경우가 많았는데, 선배님은 팀원들이 다 모여들 때까지 늘 기다려주었고 간간히 들러 토의를 하여주곤 하였다. 그때의 동무들도 어느덧 흰머리가 듬성듬성 생긴 마흔다섯의 중년으로 모두들 자기 분야에서 좋은 연구자로 활동하고 있다.

대학원에는 GRE 준비반이 있어서 시험정보를 교환하며 유학을 준비해나갔다. 항공료와 2~3달 정도의 생활비를 마련하겠다는 생각으로 졸업 후 나는 공채시험을 통해 한국과학기술원(당시는 KIST와 현 KAIST의 전신인 KAIS의 통합 시절로 KAIST로 불리웠음)에 연구원으로 취업했다. 그러나 삶의 길에는 변수가 많았다. 4개월 후면 출국한다고 생각하며 퇴직 서류절차를 막 준비하던 1988년 4월, 국가공무원법과 과기연 법에 따라 초임 임용 후 2년 이내에 퇴직할 경우 징계대상이 되어 향후 국공립 연구소와 대학에 취업이 불가능함을 통보받고, 많은 고민 끝에 입학허가와 장학금을 포기하고 눌러앉아야 했다.

그런데 그즈음 연구소에 처음으로 노조가 결성되어 연구소 초유의 직장 폐쇄 등의 일이 겹쳐서 나로서는 조용히 생각할 시간이 생겼다. 연구소 문이 닫힌 그 5월에 나는 처음으로 지리산을 다녀왔다. 이것저것 알아보지도 않고 연구소에 들어온 것을 후회도 하고 방황도 좀 했으나 시간은 어김없이 흘러갔다. 과기연 법에 따라 만 3년이 경과된 1991년에 나는 대학원 박사과정에 입학했고, 그동안 결혼을 하여 아이도 얻었다.

시련은 또 다른 성공을 위한 과정

나는 애플 컴퓨터가 보급되던 즈음에 대학원에 입학했다. 당시 우리 실험실에도 컴퓨터 한 대가 설치되어 있었지만 막내인 내가 손대기는 아주 어려운 상황이어서 그림의 떡이었다. 실험에서 얻어지는 모든 데이터의 분석과 해석은 지금도 별 문제없이 작동하고 있는 샤프 계산기를 이용했다. 실험하기 전에 미리 찾아본 논문의 내용이나 결과들은 모두 줄친 공책에 쓰고 지우고 하면서 작성해 나갔다. 이것을 기초로 나중에 석사학위 논문을 작성하게 되었다.

석사과정 중에 나는 스스로 주제를 정하여 알전구 하나와 비커, 시약 한 통, H_2O(물)만 있으면 얻을 수 있는 적당한 단결정을 찾아 핵자기 공명이라는 실험을 하였다. 특별히 새로운 주제를 찾거나 방법을 개발하기는 어려웠고, 실험실의 핵심기술인 자기공명방법으로 물리적 현상을 탐지하는 데 일조를 하도록 되어 있어, 실험실 내의 많은 석박사 학생들이 주어진 역할에만 충실하던 시절이었다. 1987년 석사졸업과 동시에 지금은 KIST와 KAIST로 분리된 한국과학기술원이라는 단일기관의 연구부에 입소한 후에야 비로소 내가 설계한 원리와 방법으로 실험을 하게 되었고, 따라서 그 연구의 목표에 대한 성패 또한 가능해졌다.

대학원 석사 과정에서는 정통 고체물리 분야에 해당하는 핵자기공명이라는 연구를 했으나, KIST 연구원이 된 후부터는 1998년 여름까지 EL(electroluminescence)이라는 차세대 디스플레이의 개발에 주력하였다. EL은 오늘날 OLED(Organic Light Emitting Diodes)라는 제품 기술과 유사한 것으로 다만 물질이 유기소재가 아니라 무기소재이다. 오늘날 디스플레이는 우리나라 국가경쟁력의 핵심기술이 되었지만, 당시에는 국가적으로 연구개발의 초기에 있었다. 민간 기업에서는 이미 연구팀이 구성되어 개발이 시작되었으나, 국가적으로는 과학기술처가 선진 7개국의 산업기술 확보를 목표로 G7 프로젝트를 추진하면서야 비로소 디스플레이 개발이 시작되었다. G7 프로젝트에 현 대우의 계열사이면서 브라운관 전문업체인 오리온전기가 개발 참여기업으로 있었다. 나는 석사를 마치고 1987년 공채로 입소하여 1998년까지 이 연구를 주도하였으며, 진학을 위한 입소 후 3년 옵션이 풀리면서 박사과정에 입학하여 학위를 받았다.

우리나라가 IMF 관리체제에 들어가면서 개인과 기업 모두 어려운 시기를 맞았던 1997년, 연구과제의 단계가 종료되어 가고 있었다. 과제책임자였던 나로서는 연구소에 들어온 후 모든 시간의 땀과 노력이 녹아 있던 그 기술이 양산되어 공익에 기여할 수 있기를 소망하였다. 그러나 구미에 있던 참여기업의 연구소에 내려가 논의를 하고 결과를 기다렸지만 양산화 결정은 끝내 들리지 않았다. 사실 그때 기업으로서는 일개 연구자의 연구결과가 문제가 아니라 기업 자체가 IMF 체제에서 살아날 수 있는가의 여부가 관건이 되는 상황이었다.

이 과제의 최종 단계 구술평가 당일 아침, 발표 자료를 담아 양재동에 위치한 교육문화회관 2층의 평가장에 도착할 때까지 나는 공개 시연할 디스플레이 장치와 구동회로 장치들을 몇 번이고 들여다보고 있었다. 새로운 문제를 만날 때마다 고민에 빠졌던 실험 기간의 많은 추억들과 실험실 장비들의 크고 작은 움직임 등이 한순간 파도처럼 밀려왔다 사라지곤 했다. 디스플레이 화면을 구동하느라 약간의 소음에 덜거덕거리기도 하였고, 바닥에 무릎을 구부리고 앉아있었기에 망정이지 안경 너머 눈물 그득 고인 촌스런 모습이 장내에 드러났을지도 모른다. 지금도 그날을 기억하면 가슴이 뭉클해지곤 한다. 스물넷에 연구소에 들어와 가정을 이루고 아이가 초등학생이 될 때까지의 내 삶의 여정 자체가 시연되고 있었기 때문이었는지도 모른다.

IMF 충격으로 기업이 어려웠던 것은 기정사실이었으나, 온

정성을 쏟아부었던 연구가 결과적으로 세상에 이로움을 주는 기술로 발전하지 못한 데에는 나의 소극적인 면도 원인이 되었다고 본다. 참여 기업의 연구소에 찾아가서 양산화에 대한 공식적인 논의만 하였을 뿐이지, 담당개발 부서나 개발 연구팀들을 통해 적극적으로 기술을 설명하는 등 향후 양산화 결정에 도움이 될 만한 추가적인 노력에는 나의 정성이 부족했다는 아쉬움이 남는다.

나의 과학, 그리고 희망과 꿈

나의 연구 관심 분야는 다양하지만, 연구과제에 응모서를 제출할 때는 고체물리-나노과학/기술-전자소자라는 세부분류를 선호하며, 연구내용은 전기-전자 분야의 정보통신 및 반도체 분야로 분류된다. 결국 나의 연구는 나노소재와 나노과학에 기반하는 나노전자소자 응용기술의 개발이라고 보아야 할 것이다.

내 실험은 직경이 약 10옹스트롬 내외의 탄소나노튜브, 실리콘 나노선, 초전도 나노선 및 산화물 나노선 등 다양한 나노소재를 만드는 단계에서 출발하여, 표준 반도체 공정에 기초한 나노전자소자를 제작하고, 최종적으로 동작 물성을 측정·분석하여 새로운 전자기적·물리적 특성을 탐색 및 개발하는 과정으로 진행된다. 나노 분야는 소재, 소자, 측정들 중 한 가지만 잘해서는 좋은 연구결과를 얻어내기가 쉽지 않아 서로 다른 전문적 지식이 필요한 여러 단계의 일을 동시에 해결해야 하기에 수시로 장벽에 부딪히게 된다. 혹자는 '어려운 문제일수록 잠시 그 문제를 접어두고 벗어나는 지혜가 필요하다'고 하지만, 내 경험으로는 반드시 극복하고 넘어가야 할 과제는 오히려 집중력을 발휘하는 것이 효과적이었다.

14년 8개월을 몸담았던 연구소를 떠나, 2002년 가을 모교로 부임하면서 새로 실험실을 준비하다보니 연구공간이 생긴 뒤에도 전기, 급배수, 배기 환기 등 본격적인 실험 이전에 해야 할 공사가 많았다. 세다가 수업 때만 학교에 나오는 학생연구원 과징생들이 있기는 하였지만, 실험을 보조할 학생이라고는 입학할 예정으로 와 있는 학생 한 명이 전부였다. 학교로 오면서 국가지정연구실을 반납하고, 다시 과학기술부의 나노기반기술 과제에 응모하여 선정된 상태였기 때문에, 11학점씩을 맡아 정신없이 바쁘게 지내는 와중에도 강의를 마치면 부리나케 실험실에 복귀해서 씨름하였다. 기본 공사와 설비도 안 된 상태의 실험실에서 중단 없이 작은 걸음을 계속할 수 있었던 힘은, 해결해야 할 많은 과제 가운데에서도 기술의 핵심 그 하나를 놓치지 않고 지속적으로 추구해나갔던 데에 있었던 것 같다.

나노입자가 들어간 화장품이나 은나노 처리된 가전제품, 나노입자가 코팅된 의류처럼 일반 소비재에서는 나노라는 말이 흔히 등장하는 반면, 내가 연구하고 있는 초미세 나노 전자소자는 현 나노기술 단계에서는 상용화의 길이 요원하며, 일반 수요자와도 상당히 거리가 있다. 나의 연구가 미래 고도 기술사회의 또 다른 한 축을 이루면서 가시화되어 갈지 아니면 과학기술 분야에서 한 때의 연구 정도로 지나갈지는 나 자신도 아직 장담하기가 이른 시점이다. 다만 20여 년 전에 시작된 평판 디스플레이 연구가 지금은 우리나라 기술력을 대표하는 분야로서 자리매김한 것처럼 나노기술과 과학도 앞으로 10~20년 후에는 세계 전자기술 시장에서 우리나라를 다시 한번 우뚝 서게 하는 주춧돌이 되기를 소망하고 있다.

　모교 강단에 선 지 7개월째가 되던 봄비 내리던 날, 학생들 중간고사 도중에 답안지도 채 걷지 못하고 병원에 실려갔다. 홀로 무균실에서 긴긴 하루 해를 바라보던 그 여름 병실에서도 물리책만이 유일한 벗이었던 나에게 '그래, 하고픈 연구 더하고 좀더 있다가 와라' 하며 지금 이렇게 주어진 여정에 다시 서게 한 것이 아닐까. 가장 고독한 날에 학문이 벗이 되어주었으며 다시 또 학문의 길에 들어와 걸어가고 있음에 감사한다. 스물넷에 연구원으로 사회에 나와 마흔넷이 된 지금까지 나를 가슴 벅차게 만들었던 것도 내 삶을 가장 보람 있게 하였던 것 중의 하나도 물리였기에, 다음 시대를 준비해두어야 할 첨단의 나노물리 연구자로서 주어진 길에 결코 게으름 피지 않고 기술 발전에 기여하면서 최선을 다하여 끝까지 걸어갈 수 있기를 희망하고 있고 그것이 가장 큰 꿈이기도 하다.

　원고청탁 이메일을 받고 내가 특별히 내세울 만한 업적이 있는 과학자인가 자문하여 보았다. 그리고는 20여 년 물리인으로 걸어오면서 지난 시간도, 지금도 연구자의 길에 기꺼이 동반해준 선후배 동료 연구원, 작은 가르침과 배움에도 감사하면서 새로운 도전 앞에서 물러서지 않고 최선을 다하는 우리 학생 연구원들, 병마와 끝도 없는 싸움을 할 때 용기를 주신 모교 은사님들을 생각했다. 끝으로 행복할 때도 가장 무겁고 힘든 시간에도 한결같이 기도하시는 그리운 부모님, 실험실에서는 엄마 등에 업혀서 연구실에서는 엄마 책상 옆자리에 누워서 자란 열여섯 살 우리 지원이와 어렵고 힘든 때일수록 쓸데없이 더 웃겨대시 웃다가 결국 울게 만들고마는 남편이 아마도 이 시간까지 나라는 연구자가 있게 한 '희생'과 '힘' 그 자체였음을 기억하면서 이 기회를 통해서나마 깊은 감사의 마음을 전한다.

이 은 옥
Lee Eun-Ok

서울대학교 간호대학 교수

서울대학교 간호대학 간호학과를 졸업한 후 서울대병원 간호사와 서울대학교
조교 생활을 하다가 뉴욕의 차이나 메디컬 보드 재단의 지원으로 1967년 미
국 인디애나대학교로 유학을 떠났다. 인디애나대학교에서 석사학위를 받은
후 서울대학교 간호대학에서 학생들을 가르쳤고, 1979년 캐나다 IDRC의
지원을 받아 다시 같은 대학에서 박사학위를 받았으며, 지금까지 40여 년간
서울대학교 간호대학 교수로 재직하고 있다. 박사과정 동안 연구조교로 일하
면서 학생들을 지도하는 경험을 축적하였고, 1987년에는 노스캐롤라이나대
학교에서 연구활동을 하였다. 과학기술단체총연합회의 과학기술 우수논문상
과 Cancer Public Education Grant Award(Oncology Nursing
Foundation)를 수상했으며, 2002년에는 한국과학재단 우수여성과학자로
'암환자 증상관리 가이드라인 개발' 연구를 실시하였다. 대한종양간호학회
회장과 대한근관절건강학회 회장을 역임했고, 자신이 류머티즘성 관절염으로
오랜 기간 고생하면서 이런 환자들에게 효과가 있는 관절염 타이치를 배워
다른 환자들에게 보급하는 일에 역점을 두어 왔다. 정년이 6개월밖에 남지
않은 지금은 모든 활동을 정리하고 있다.

새로운 간호학을 필요로 하는 21세기

간호학이란 무엇인가

1963년 내가 신설 간호학과에 지원하게 된 동기는 참으로 주먹구구였다. 처음에는 약대에 진학할까 했는데, 우리 동네만 해도 한 집 건너 약국이 있다는 생각을 하면서 마음을 바꿨다. 더욱이 고등학교 3학년 때 친구가 교통사고로 병원에 입원했는데, 그를 방문한 나는 매우 신선한 충격을 받았다. 낮에는 물론 저녁과 밤에도 잠을 자지 않고 고통 받는 환자들을 돕는 행동이 내게는 매우 새로운 경험이었고 신성하게까지 느껴졌다. 그래서 대학을 지원하던 때의 나에게 간호학은 과학이 아니라 사람의 몸과 마음을 보듬어주는 예술이었다. 많은 사람들이 간호학을 공부하는 나에게 "간호학이 무엇이냐?" "왜 간호학을 공부하느냐?"는 질문을 했고, 나 자신도 그 해답을 얻기 위해 많은 시간을 보냈다.

그 당시 간호학은 신생학문이고 전통적으로 간호전문직이라는 실무와 혼합되어 설명되어 왔기 때문에 과학으로 이해되는 데 한계가 있었다. 예술적인 면과 과학적인 면(art & science)을 모두 갖춘 간호학은 실천학문으로서, 19세기 영국의 귀족이었던 나이팅게일로부터 그 근원을 찾을 수 있다. 그는 1853~1856년까지의 크림전쟁에서 등불을 들고 부상병들을 간호했고(art), 수많은 환자들의 사망 이유가 불결한 환경 때문이라는 것을 알고 병실의 청결에 역점을 두었으며, 환자를 면밀하게 관찰하여 구체적인 기록을 남기고 병원 통계에 대한 자료도 남겼다(science). 뿐만 아니라 체계적인 간호교육의 필요성을 인식하여 영국에 처음으로 정규 간호교육기관을 설립하였다.

일반인들은 예술이 주를 이루는 간호실무만을 보면서, 간호학이 과학인지에 대해 의문을 갖기 쉽다. 흔히 병원에서 만나는 대부분의 간호사는 환자의 어려움을 함께하는 간호실무자이고, 간호과학을 하는 분들은 대학이나 연구소에서 만날 수 있다. 물론 최근에는 임상간호사들 중에도 석박사학위자가 증가하여 실무와 연구를 겸하는 경우가 증가하고 있다. 이는 학문과 전문직이 이분화된 경우인데 이와 비슷한 것이 교육학이다. 즉 교사는 교육학을 실천하는 분들이고, 교육학자는 교육학을 발전시키기 위해 연구하고 이론화하는 분들이다. 이에 비해 의학은 대학에서 진료하는 의사와 연구하는 의학자가 동일인이다. 한 사람이 실무도 하고 연구도 하기 때문에 그 학문이 더욱 발전하고 있다. 이러한 체제의 상이성 때문에 학문 간에도 발전의 속도가 다르다.

간호학이란 무엇인가? 1980년 미국 간호협회의 사회정책선언에서는 "간호학이란 실질적이거나 잠재적인 건강문제에 대한 인간의 반응을 진단하고 치료하는 학문"이라고 정의하였다. 인간은 누구나 질병에 걸리거나 질병에 걸릴 위협에 처했을 때 신체적·사회적·정신적 문제에 대한 반응을 나타내며, 이에 대하여 미리 대처하도록 간호학을 하는 분들이 이러한 반응을 직시하고 이를 치료한다는 입장이다. 다시 말해 건강회복과 건강증진이 그 핵심이다.

간호이론가인 김혜숙 교수(1987)는 간호학의 영역을 대상자 영역, 간호사–대상자 영역, 실무 영역, 환경 영역으로 규정하고, 거기에서 구체적인 이론과 연구가 진행되도록 안내하고 있다. 간호대상자는 남녀노소 환자와 건강인이다. 간호사–대상자 영역은 환자와 간호사가 만나면서 나타나는 현상으로서 의사결정, 사회적 지지, 환자와의 진정한 만남, 의사소통, 보상 등이다. 실무 영역은 실무라는 조직의 원활한 운영을 말하며, 환경 영역은 인간을 편하게 해주는 환경뿐만 아니라 질병을 유발하고, 청결한 생활과 운동의 유지를 어렵게 하는 환경까지도 포함한다. 이러한 시각에서 보면 간호학의 범위는 참으로 넓어서, 간호학 자체와 다른 여러 학문 분야의 이론과 연구에서 유도된 자연과학적 요소와 사회과학적 요소를 모두 포함하고 있는 응용과학이라고 할 수 있다.

이론의 실천을 강조하는 근거중심 간호

발견된 과학을 인간에게 실제로 대입하여 효과를 본다는 의미에서 실천과학 또는 응용과학이라고 했지만, 인간의 과잉반응을 잘 살펴서 이에 대한 해결책을 얻기 위한 연구가 이루어져야 그 학문이 과학으로서 인정받을 수 있다. 그러한 면에서 많은 간호학자들이 연구에 임해 왔는데, 예를 들면 수술을 앞둔 환자에게 수술 후 느낄 감각에 대한 정보를 준 집단(감각정보), 수술 후 경험하게 될 환경에 대한 정보를 준 집단(절차정보), 그리고 수술 후 심호흡, 기침, 운동을 해야 함에 대한 정보를 준 집단(지시정보)이 수술 후 얼마나 다르게 대처하는지 등을 연구하였다. 그 결과 감각정보는 수술 후 입원 기간을 단축시켰고, 지시정보는 그 자체만으로는 회복에 영향을 미치지 못했다. 이러한 연구결과, 환자들에게 지시정보만 주지 말고 수술 후 느끼게 될 통증에 대한 정보를 미리 줌으로써 자기 몸에 이상이 있는 것이 아님을 알게 하는 것이 중요함을 임상에서 실천하게 되었다.

특히 최근에는 전 세계적으로 근거중심 간호(evidence-based nursing)의 중요성이 강조되면서 과학적 근거를 가진 이론의 실천이 더욱 강조되고 있다. 내가 관심을 가지고 연구한 분야는 관절염 환자와 종양 환자인데, 이 두 가지 분야에서 과학을 만난 경험을 이야기하고자 한다.

관절염 환자들은 대부분 만성질환자로서 2~3개월에 한번씩

의사를 만나 검사하고, 약을 처방받아 집에서 먹으면서 치료하는 형태가 대부분이다. 그런데 이들이 자신의 질병과 약물 복용에 대한 지식이 부족하고, 자기 질병의 관리 책임이 스스로에게 있다는 생각이 부족하여 약물치료를 게을리 할 뿐만 아니라 의사와의 관계도 좋지 않아 치료가 잘되지 않는 예를 많이 보았다.

관절염 환자들에게 질병의 자기관리 능력을 키워주는 것이 간호사의 중요한 임무라는 생각으로 일단 이들에게 필요한 지식을 열거하고 집에서 겪게 되는 고통, 개인의 성격 때문에 일을 줄이지 못하는 문제 등을 묶어 교과 내용을 구성하였다. 이들에게 필요한 것은 주기적인 약물복용과 운동인데, 이들은 운동의 필요성도 파악하지 못했다. 그리하여 이들이 일정 기간의 교육 후에 약도 잘 먹고, 운동도 정기적으로 하며, 의사와의 관계도 개선되고, 집안에서의 자신의 위치가 중요함을 인식하며 긍정적으로 삶을 살게 하려는 프로그램을 구성하고, 이를 실험연구의 형태로 지역사회에 흩어져 있는 환자들에게 6주간 실시하였다.

이 프로그램에서 중요 이론으로 삼은 것은 자기효능이론과 계약이론이었다. 즉 환자들을 10~15명 정도의 소그룹으로 구성하고, 토의과정과 계약이행 과정에서 성취감, 대리학습, 강사의 설득이 적절히 배합되게 하였다. 매주 1회 2시간 동안 만나는데 여기에서 환자들은 자기의 경험을 털어놓으며 각자 대리학습을 하고, 다음 시간까지 각자 자기 수준에서 계약을 설정하여 매일 얼마나 실천했는지, 그 과정에서 어떤 어려움이 있었는지를 토의함으로써 성취감을 맛보게 하였다. 강사는 각 개인에게 적절히 칭찬해 주고 잘 하도록 격려하였다. 이렇게 6주를 보낸 후 환자들은 지식 상승은 물론이고 운동도 열심히 하여 통증과 우울이 감소하는 효과를 얻었다. 이러한 연구결과를 바탕으로 현재 전국 각 보건소에서 '관절염 환자 자조관리' 프로그램이 계속 진행되고 있다.

그후 이들을 위한 적극적인 운동프로그램이 필요하다고 느끼고 '효능증진 수중운동'을 개발하게 되었으며, 이는 내 지도학생이 박사학위 논문으로 진행했다. 수중운동은 물의 부력을 이용하기 때문에 지상에서 운동하는 것보다 통증을 덜 느끼는 장점이 있고, 물살을 가르면서 운동하기 때문에 근력이 많이 강화된다. 그 연구결과 역시 환자들의 근력이 강화되고 통증이 완화되며 동시에 우울이 낮아지는 효과가 있었다. 이 프로그램도 현재 보건소에서 활용되고 있다.

그런데 도서지역에는 수영장이 없어서 이를 활용하기가 어렵다는 문제가 생겼다. 그리하여 지상에서 운동하면서도 관절에 무리가 가지 않는 저강도 운동을 찾아보았다. 그 결과 중국의 공원에서 사람들이 모여 하는 태극권 운동을 발견했는데, 이 태극권은 원래 무술이어서 고강도 운동인 것이 흠이었다. 문헌을 뒤지다가 호주의 가정의인 폴 램 박사가 관절염 환자를 위한 '관절염 태극권'을 개발하여 보급하고 있는 것을 알게 되었다. 그런데 그는 이에 대한 연구는 하지 않고 이 운동을 실시한 사람들이 좋아졌다는 사례만 갖고 있었다.

그리하여 2001년에 학술진흥재단 연구비를 확보하여 과연 태극권이 효과가 있는지를 연구하였다. 그 결과 무릎 위 근육의 근력이 강화되고, 통증이 약해지며 신체 균형이 잘 잡히는 것을 발견하였다. 노인들의 경우 중심을 잃고 넘어지는 것이 큰 문제인데, 이러한 문제까지도 해결이 가능한 프로그램이었던 것이다. 이 결과에 따라 관절염 태극권도 전국 보건소에서 환자들을 위한 프로그램으로 운영되고 있다.

이렇게 세 가지 프로그램이 각각 개발되어 지금까지 보건소에서 활용되고 있는데, 내 박사과정생 중 한 사람이 이 세 가지 프로그램의 효과를 연구하였다. 그 결과 관절염 태극권의 효과가 가장 좋았고 그 다음이 수중운동이었다. 관절염 자조관리 과정은 순수한 운동프로그램이 아니고 개인의 내면적인 준비를 위한 것이기 때문에 다른 두 가지 운동과 비교하는 데에 무리가 있었다.

태극권의 매력은 나를 사로잡았다. 램 박사와 협력하여 '유방암 태극권'을 개발하고, 내 박사과정 지도학생으로 하여금 유방수술을 받은 지 1개월 되는 환자들에게 이를 실시하는 실험연구를 하게 하였다. 유방암 수술을 받은 환자는 흔히 팔운동이 어려워 장기간 팔을 위로 올리지 못하는 경우가 많다. 그 연구결과에서도 대조군보다 실험군에서 통증 없이 팔을 드는 능력이 향상되었고 회복도 빠른 것을 발견하였다. 이 프로그램은 현재 서울대학병원에서 실시되고 있으며 앞으로 더욱 보급해야 하는 입장이다.

현재는 '종양 태극권'을 개발하여 이것이 암환자의 면역력을 증강시키는지에 대한 연구를 진행하고 있다. 만일 이 연구가 긍정적인 결과를 얻는다면 암환자 회복과 암예방을 위해 전 국민에게 보급할 수 있는 프로그램이 될 것이다.

간호학의 미래

우리는 실무지식, 연구지식, 이론지식을 가지고, 간호이론은 실무자에게 알리고, 연구자에게는 연구할 수 있도록 안내하며, 이론가와 연구자가 실무상황을 파악하여 각자의 능력을 발휘할 수 있는 기전을 발전시켜 나가야 한다. 이와 같이 경계를 연결하는 역할을 개발하면, 대학원 학생들도 간호이론에 대한 지식을 조직하고 연구논문에 나타난 지식을 융화하여 이를 간호 실무지식을 지지하는 데 사용할 수 있을 것이다. 결국 앞으로 이론과 실무, 이론과 연구, 연구와 실무 사이의 연결이 원활히 이루어지도록 노력해야 할 것이다.

21세기에 접어든 지금 간호학과 간호전문직에 있어서도 상당한 변화가 예상되는데, 이러한 변화를 스스로 주도해야만 학문과 실무가 공히 발전할 것으로 보인다. 간호학문에서는 이론개발을 권장하고 한 분야에서의 연구에 몰두하며, 이론가와 연구자, 실무자가 함께 목표를 정하여 매진하고, 대학원 교육에서는 이론가를 키워 다양한 연구방법을 배우게 하며, 실무자에게는 교육을 통해 고급기술을 배울 기회를 제공하는 방향으로 발전해야 한다. 또한 간호전문직에서는 간호실무의 숙련성을 증가시켜 이를 사회에서 인정받게 하면서 임상과 지역사회 중심으로 역할의 확대를 추진해야 할 것이다.

이 주 영
Lee Joo-Young

광주과학기술원 생명과학과 교수

1992년 서울대학교 약학대학 약학과를 졸업하고, 동대학원에서 석사와 박사 학위를 받았다. 서울대학교 신의약품개발연구센터 연구원, 미국 루이지애나 주립대학의 페닝턴 생물의학연구센터 전임강사를 거쳐 미국 데이비스의 캘리포니아 주립대학교에서 교수 생활을 하였다. 2005년 한국으로 돌아와 현재 광주과학기술원 생명과학과 교수로 재직하고 있다.

과학에서 성취하는 기쁨을 찾다

내가 과학에 구체적인 관심을 가지게 된 것이 언제였는지는 기억이 모호하다. 초·중·고등학교를 거치면서도 역사, 국어, 사회에 비해 생물, 물리, 지구과학 등에 더 흥미가 있었던 것은 아니었다. 단지 줄줄이 외워야 하는 과목들에 비해서 인과관계를 가지고 논리적으로 설명되는 과목들이 더 좋기는 했다.

　과학과 본격적인 인연을 맺게 된 것은 대학원에 진학하면서부터였는데, 나는 약학의 여러 학문 중에서도 독성학(毒性學)을 전공하였다. 16세기 스위스의 의사이자 화학자였던 파라켈수스는 "모든 약은 독이다. 모든 물질에는 독성이 있으며, 독이 없는 물질은 없다. 독이냐 약이냐는 단지 양이 적은가 많은가의 차이일 뿐이다"라고 하였다. 즉 병을 치료하는 약이라도 적절히 사용되지 않거나 사용 용량을 넘으면 오히려 해가 되고 독이 될 수도 있다.

독성학은 우리 몸과 생명현상에 영향을 주는 모든 물질이 적정 수준을 초과했을 때 일어날 수 있는 해로움에 대한 연구가 될 수 있다는 점이 나의 흥미를 끌었다.

박사과정 동안에는 유해산소 라디칼을 생성하는 물질에 의한 심혈관계 질환 유발에 대하여 연구하였는데, 이때는 이 분야의 연구가 초창기여서 대부분의 실험방법을 새로 구축해야 하는 형편이었다. 나는 약학대학의 다른 실험실들뿐만 아니라 다른 연구소도 방문하면서 필요한 기술을 배우고, 우리 실험실에 맞도록 실험법을 확립해야 했다.

처음 구축한 방법은 쥐의 대동맥을 적출하여 조그만 링으로 잘라내고 산소가 나오는 작은 바스(bath)에 걸어 혈관의 이완과 수축을 보는 장치였다. 또 다른 예로는 쥐를 마취하여 경정맥과 경동맥에 가는 관을 꽂는 수술을 한 후 깨어난 뒤에 약물을 주입하고 혈압의 변화를 보는 실험장치를 만드는 것이었다. 실험에 필요한 이러한 기구와 부품들을 주문, 제작하여 스스로 조립한 후 실제로 실험에 적용하여 데이터를 처음 얻었을 때의 성취감과 기쁨은 이루 말할 수가 없었다. 더욱이 그러한 실험기구들과 방법들이 후배 학생들의 연구에도 이용되어 더욱 그 보람이 컸다. 한 후배는 나를 "폭설이 쏟아진 길 가장 앞에서 눈을 쓸어서 길을 만든 사람"이라고 하는데, 하나씩 만들고 얻어가던 과정들이 오히려 나에게 즐거운 기억으로 남아 있다.

이처럼 석박사과정 동안에는 늘 실험동물을 다루며 이용하는 실험들을 했는데, 주로 생쥐나 큰 흰쥐를 다루었기 때문에 실험동물과 관련한 에피소드도 많다. 그중에서 빠뜨릴 수 없는 일화는 처음 실험동물 다루는 법을 배운 대학 3학년 위생약학 실험실습 때의 일이었다. 처음으로 실험동물을 접하는 흥분과 두려움이 실습을 시작하기도 전부터 실험실 전체를 가득 채우고 있었다. 아니나 다를까, 미숙한 학생들의 실수로 몇 마리의 생쥐가 케이지(cage)를 탈출하여 잡느라고 법석을 떨기도 하고, 생쥐들이 우리 실험복 속으로 들어가기도 하는 등 여러 돌발 상황이 우리 모두를 흥분과 긴장감의 도가니로 몰아넣었다.

그날 일화의 백미는 입속으로 들어간 쥐였는데, 그 일은 내가 생쥐로부터 혈액을 채취하려고 시도하던 중에 일어났다. 내가 생쥐를 다루는 데에 미숙했기 때문에 화가 난 생쥐가 나를 물려고 했다. 놀라고 다급해진 나머지, 나는 쥐를 등 뒤로 집어던져버렸다. 그런데 이 쥐가 나를 둘러싸고 관전하고 있던 학생들 중 한 명의 놀란 입속으로 던져진 것이었다.

나는 동물을 만질 때의 물컹거리는 감촉을 싫어하고, 집쥐나 야생쥐를 보면 무서워서 십리는 도망을 가는데도, 이런저런 우여곡절을 거치면서 이제는 실험동물을 다루는 데 익숙해졌다. 물론 지금도 집쥐나 야생쥐는 근처에도 가지 못하지만, 결국 연구에 대한 열정이 공포감이나 혐오감을 극복하게 만들었던 것 같다.

미국에서 연구 생활을 할 때는 털이 없이 발그레한 피부를 가진 누드마우스(nude mouse)를 접했다. 누드마우스는 암세포의 증식 정도를 측정하는 데 이용되는 대표적인 발암 연구모델이다. 이들을 그룹으로 나누어 신선한 오메가-3 지방산을 첨가한 사료와 일반 식물성 기름을 넣은 사료를 1개월 동안 먹이면서 암세포가 자라는 크기를 측정했다. 누드마우스는 면역기능이 결핍되어 통제된 청정구역에서 길러야 하고, 사료나 물도 멸균한 것을 주어야 하며, 동물실에 들어갈 때도 멸균된 실험복, 마스크, 장갑, 멸균모를 착용하여야 하는 등 특별한 관리가 필요했다. 따라서 실험이 진행되는 2개월 동안 내가 직접 사료와 물, 케이지를 갈아주면서 돌보아야 했다.

이때 동물실을 담당하던 실장은 넉넉하게 생긴 백인 아줌마였는데, 실험에 사용되는 동물들에 대한 애정이 정말 남달랐다. 내 누드마우스들도 건강하게 자라는지, 쾌적한 환경에서 지내는지, 동물들이 과도한 암세포 증식으로 고통 받지는 않는지 등을 매일 체크하여 내게 알려주었다. 물론 미국은 동물애호운동단체들의 강력한 활동으로 실험동물을 사용해 연구를 하려면 까다로운 절차와 심사를 받아야 했지만, 실험동물을 그저 소모품으로만 생각하지 않고 연구에 도움을 주는 개체로서 배려하는 사고에 깊은 감동을 받았다.

박사학위 취득 후에는 서울대학 신의약품개발연구센터 연구원으로서 천연물 및 합성화합물로부터 염증 억제제를 개발하는 데 참여했다. 이러한 연구과정이 염증반응에 관심을 갖게 된 중요한 계기가 되어 이후 미국에서는 염증유발 기전연구와 염증 억제제 분야에서 연구를 계속했다. 감기에 걸리거나, 넘어져서 상처가 생겼을 때 침입해 들어오는 병원균과 대항하여 우리 몸의 면역세포들이 싸우는 중에 염증반응이 수반된다. 우리 몸에서는 항상 작거나 큰 염증반응이 일어나고 있다. 많은 경우 작은 염증반응은 스스로 치유되어 우리가 알지도 못하는 사이에 사라지지만, 빨갛게 붓거나 열이 나고 통증이 느껴지는 등 자각 증상을 보이는 염증의 경우에는 항염증제를 먹어 신속하게 다스려야만 합병증이나 만성질환으로 진행되는 것을 막을 수 있다.

염증은 참으로 많은 질병들과 연관되어 있다. 관절염, 기관지염, 뇌수막염 등 '염(炎)' 자가 붙어 있는 염증성 질환 이외에도 동맥경화, 뇌졸중, 치매, 암 등과 같이 겉보기에는 전혀 상관이 없어 보이는 질환들도 모두 염증이 수반되거나, 염증반응에 의해 질병이 더 심해진다.

최근에 톨-유사 수용체(Toll-like receptor)가 병원균을 인식하여 염증을 유발하는 데 중요한 수용체임이 밝혀져서 염증연구의 새로운 장을 열었다. 톨-유사 수용체는 마치 고속도로의 톨게이트처럼, 병원균을 검색하고 받아들여 염증신호를 고속도로를 따라 전달하다가 타깃 지점에 이르면 염증 매개물질을 생성한다.

내가 미국에서 연구 생활을 시작할 때가 톨-유사 수용체에 대한 연구의 초창기였다. 여러 가지 타입의 톨-유사 수용체가 밝혀져 각각을 활성화시키는 병원균 인자들을 동정하고, 염증 신호체계를 파악하는 연구가 한창 시작되고 있었다. 톨-유사 수용체를 활성화시키는 병원균 구조 중에는 포화지방산이 존재하는데, 우리는 이것이 수용체 활성화에 중요하게 작용하리라 생각하고, 포화지방산과 톨-유사 수용체의 상관관계를 연구했다. 그 결과 포화지방산은 톨-유사 수용체를 자극하여 염증 매개물질의 생성을 증가시키고, 반대로 오메가-3 불포화지방산인 DHA와 EPA는 염증을 억제한다는 것을 처음으로 보고했다. 이는 포화지방산이 많은 서구식 식습관을 가진 사람들에게서 심혈관계 질환이나 암 같은 만성질환의 발병률이 증가하고, 불포화지방산(DHA, EPA)을 많이 먹던 에스키모인들에게서는 발병률이 낮다는 기존 역학조사 보고의 원인을 제시한 결과였다.

근래에 우리나라에도 육체적·정신적 건강의 조화를 추구하고자 하는 웰빙 문화가 확산되면서 그 일환으로 건강한 먹을거리에 신경을 많이 쓰게 되었다. 우리가 주변에서 쉽게 접할 수 있는 음식들 중에도 염증을 완화시키고 염증성 질환을 예방할 수 있는 성분들이 많다. 프랑스 사람들은 오래전부터 와인을 즐겨 마셔, '프렌치 패러독스(French paradox)'라는 말이 생겼다. 이는 프랑스 사람들이 기름진 음식을 많이 먹어도 심혈관계 질환이 잘 생기지 않는 데서 생긴 말인데, 최근 적포도주에 많은 레스베라트롤(resveratrol)이라는 물질이 심혈관계 질환을 예방하는 효과가 있음이 밝혀졌다.

나는 2002년 여름부터 데이비스에 있는 캘리포니아 주립대학에 재직하였는데, 데이비스에서 조금만 서쪽으로 가면 캘리포니아의 유명한 포도 경작지인 나파 밸리와 소노마 밸리가 있었다. 그 지역에서는 일반인부터 대학의 연구자에 이르기까지 와인에 대한 관심이 지대했다. 유명한 포도 경작지 소유주가 대학에 거액의 연구비를 기부하기도 하는데, 이 대학의 포도 재배법에 관한 학과와 포도 성분을 연구하는 학과는 전 세계적으로 유명하다.

이것이 인연이 되어 우리도 레스베라트롤이 염증반응에 미치는 효과를 연구하게 되었다. 그 결과 레스베라트롤이 세균이나 바이러스 침입에 의한 톨−유사 수용체의 신호 활성화를 차단하여 질병 단백질의 생성을 저해함을 처음으로 규명하였다. 전통적으로 몸에 좋다고 여겨지는 먹을거리 중에서 유효성분을 찾아내고, 그 분자세포 생물학적인 방법을 이용하여 작용 메커니즘을 규명함으로써 과학적인 근거를 제시한 것이었다.

생명과학은 막대한 부가가치를 생산하는 산업 분야가 될 수 있으며, 우리나라처럼 천연자원이 제한된 경우 중요한 국가산업으로 경제발전에 지대한 영향을 미칠 수 있다. 생명과학 가운데서 특히 제약산업이 큰 비중을 차지하는데, 미국은 세계 의약품 시장의 50퍼센트를 차지하고 있으며, 머크나 화이자 같은 거대 다국적 제약회사들은 신약개발을 통해 막대한 이윤을 창출하고 있다. 우리나라에서도 최근 이와 같은 생명과학의 높은 부가가치를 인식하여 연구와 산업 분야의 투자가 증가하고, 많은 생명과학 관련 벤처기업들이 설립되었다.

특히 항염증제의 세계 시장 규모는 2003년 매출액 243억 달러로서 전 세계 의약품 시장의 2위를 차지하고 있으며, 연간 9퍼센트 성장으로 꾸준한 매출 증가를 보이고 있어 2010년에는 460억 달러가 넘을 것으로 전망된다. 류머티즘성 관절염의 치료제 매출액이 150여 억 달러에 이르는 등 염증관련 만성질환의 치료에 이용되는 항염증제 매출을 포함하면, 실제 항염증제 시장 규모는 더욱 거대하다. 따라서 염증작용의 기전을 밝혀 신약개발의 대상을 찾고, 염증조절 물질을 개발하는 나의 연구는 이러한 항염증제 개발의 중요한 초석이 될 것이다.

미국 대학에 수년간 재직하면서 미국의 여성과학자들을 접할 기회가 많았다. 내가 있었던 페닝턴 생물의학연구센터(Pennington Biomedical Research Center)에서는 여성교수가 센터의 연구운영을 총괄하였고, 캘리포니아 주립대학의 영양학과에서도 여성교수의 비율이 50퍼센트가 넘었다. 미국 여성들이 원래 한국 여성들보다 괄괄한 면이 없지는 않으나, 모두들 분명한 자기의 목소리를 가지고 전공분야에서 당당하게 자신의 역할을 수행하고 있었다. 학과 교수를 새로 뽑기 위하여 인터뷰를 할 때에도 남녀 차이는 전혀 고려대상이 아니었고, 단지 과학자로서 교육자로서의 능력만을 평가하였다.

미국의 유수 대학에서 박사학위를 받은 것도 아니고, 미국에 잘나가는 인맥이 있는 것도 아닌, 아시아의 작은 나라에서 온 나 같은 여성과학자가 미국 대학의 교수로 임용될 수 있었던 것도 이러한 미국의 능력위주 평가 및 채용 방식 덕분이었다고 생각한다. 미국이 현재 생명공학 분야에서 선두를 달릴 수 있는 것도 바로 이러한 시스템이 적용되기 때문이다. 우리나라도 점차 사회 분위기와 가치관이 능력평가의 방향으로 변화하는 추세다. 내가 대학원에 입학했을 때와 비교해도 근래에는 많은 뛰어난 여성과학자들이 생명과학 분야에서 두각을 나타내고 있다. 국제경쟁시대를 맞이하여 참신하고 우수한 한국의 여성인력들이 생명과학 분야에서 더 많이 활동하게 된다면, 우리나라 생명과학 발전 속도도 한층 가속화될 것이다.

대학원에 입학하여 과학하는 길에 접어든 지도 어느덧 십수 년이 지났고, 광주과학기술원에 첫 여성교수로 부임한 지도 1년이 되어 간다. 지나온 길에 우여곡절도 많았고 항상 일이 순탄하게 풀렸던 것도 아니지만, 돌이켜보면 그래도 내가 소망했던 일들은 대체로 이루고 살아온 것 같다. 공부를 하고 싶어 공부를 했고, 연구를 계속하고 싶어 한국과 미국에서 연구 생활을 했다. 학생들을 가르치고 싶어서 나름대로 선생님 노릇도 하게 되었다.

처음 참석했던 미국 학회에서 강연자들이 부러워, 나도 꼭 저 자리에서 내 연구결과를 발표하리라고 바랐던 것도 이루어져, 미국 학회에서 발표도 수차례 하였고 좋은 반응도 얻었다. 생명과학에 몸담고 연구하는 사람으로서 가장 큰 기쁨은 무엇보다도 자신의 연구결과를 발표하여 좋은 반응을 얻는 것이다. 무용가나 음악가가 공연을 통해 자신의 작품을 선보이듯이 과학하는 사람들은 자신의 작품을 논문으로, 강연으로 선보이고 자랑한다.

대학원 시절 우리는 논문을 발표할 때마다 작은 축하파티를 하곤 했다. 대학원 졸업 후에는 연구 활동이 직업에 가까운 일이 되어서 축하파티까지 하지는 않았어도, 여전히 논문을 발표하면 그동안의 노력과 시간, 같이 일한 사람들의 수고가 주마등처럼 떠올라 뿌듯한 마음을 감출 수 없다. 물론 며칠 지나지 않아 또 새로운 논문과 연구주제에 매달리느라 기쁨도 뒷전이 되어 가지만 다시 새로운 일을 시작하며 나는 또 다른 성취의 기쁨을 기대한다.

나는 생명과학을 하는 우리 후배들이, 학생들이 자신들이 하는 일에 기대를 가지고, 목표를 가지고 소망하였으면 좋겠다. 목표와 소망은 일에 활력을 주고 자신이 하는 일을 사랑하게 하며, 실패했을 때 극복할 용기를 주고, 성공했을 때 마음껏 기뻐할 자유를 준다. 처음 대학원에 진학하여 여성과학자로 첫발을 내디디던 내게 희망을 주었던 누군가처럼, 나도 다른 사람에게 희망을 주고, 이것이 사슬처럼 이어져 생명과학을 하는 여성과학자들의 갈 길이 점점 더 넓어질 것을 기대한다.

이 향 숙
Lee Hyang-Sook

이화여자대학교 수학과 교수

1986년 이화여자대학교 자연과학대학 수학과를 졸업하고, 1988년 동대학원에서 석사학위를 받았다. 1994년 미국 노스웨스턴대학교에서 대수위상수학 분야로 박사학위를 취득한 후 1995년부터 이화여자대학교 수학과에서 교수로 재직하고 있다. 2002년 미국 어바나–샴페인에 있는 일리노이 주립대학에서 연구년을 보내며 암호학 분야에 관심을 갖고 연구를 하면서부터 지금까지 타원곡선 암호 및 겹선형 함수 기반 암호 등 공개키 암호에 대한 연구를 하고 있다. 현재 한국여성수리과학회, 한국정보보호학회, 아시아교육봉사회 이사 및 한국여성과학기술단체총연합회 학술위원장, 전국여성과학기술인지원센터(WIST) 기획위원, 과학과 국회의 만남 프로그램의 과학기술정책자문위원 등으로 활동하고 있다.

삶 속에 스며든 수학

21세기가 다가오던 즈음 나는 무척 가슴이 벅차고 설렜던 기억이 있다. 20세기에 태어나 마냥 20세기 안에 머물러 그 안에서 삶을 마칠 것 같던 무의식적 안주가 홀연히 깨어나는 느낌이 있었던 것 같다. 이렇듯 시간은 우리의 무의식 속에서 흐르다 어느 순간을 계기로 우리에게 커다란 변화를 기대하게 하며 자극하는 존재다.

　　내가 연구하는 분야에서는 다루지 못하는 이 '시간'은 사랑할 수도 미워할 수도 없는 객체이지만, '시간 〈 인생'이라는 공식을 나름대로 정의하고 살아야겠다고 생각한 지는 꽤 오래된 것 같다. 인생은 시간을 단위(basis)로 하여 이루어져 있고, 누구에게나 똑같이 하루 24시간이 주어지지만, 그것을 경영하는 사람의 능력과 철학에 따라 느껴지는 인생의 깊이와 폭, 그리고 얻는 열매가 많이 달라지기 때문이다. 오랜만에 글을 쓰기 위해 자리에 앉은 이 시간은, 늘 앞만을 바라보고 살아왔던 나에게 과거의 시간들을 잠

시 추스를 수 있는 기회가 되는 것 같아 마음이 따뜻해지고 편안해
진다.

이화대학에서

수학을 전공하겠다고 대학에 진학한 후 2학년이 되어서야 수학 이
론에 대한 논리와 증명에 대해 공부를 하게 되었다. 그동안 피상
적으로 알고 있던 '수학-공식'이라는 수학의 이미지가 바뀌며 전
공과목에 대한 새로운 매력을 느끼기 시작했다. 그후 대수학, 해
석학, 위상수학, 기하학 등의 강의를 듣고 계속 공부하며, 수학이
란 학문을 통해 단순한 수학적 지식의 습득뿐 아니라 논리적으로
사고하고 이해하며 또한 합리적으로 분석하는 능력이 함께 훈련
되어 왔다. 즉 수학 안에는 공식뿐 아니라 논리, 체계, 분석, 이
해, 적용, 인내 등이 모두 다 들어 있다는 것을 터득한 것이다. 감
사한 마음에 애정이 더해진 수학은 이제 내 인생에서 신앙 다음으
로 나를 지탱해주는 버팀목이 되고 있다.

　요즈음 학생들은 이러한 전공들 이외에도 암호학, 수치해석
학, 금융수학, 보험수학 등 응용과 관련된 강의를 들을 수 있어,
수학이 실생활에 요긴하게 쓰임을 학부 때부터 직접 보고 들으며
학문을 하는 자부심과 필연성에 대해 진작 깨달을 수 있으니, 학
문을 하는 동기부여 측면에서 더 좋은 환경에 있다고 볼 수 있다.

　막연히 학문하는 즐거움을 느껴보고자 대학원 석사과정에 진

학하고, 그후에 박사과정을 위해 미국으로 유학을 떠났다. 대학 시절에 기숙사 생활을 하는 친구들이 가끔 부러운 때도 있었던 터라, 집을 떠나는 두려움도 있었지만 더 넓은 세상을 경험하고 기숙사 생활도 할 수 있다는 순진한 생각으로 떠나는 기쁨과 호기심이 더 컸던 것 같다.

노스웨스턴대학에서의 유학 시절

바다라고 해도 될 만큼 커다란 미시간 호숫가의 노스웨스턴대학에서의 유학 생활은 아름다운 캠퍼스뿐 아니라 그곳에서 맺어진 많은 좋은 사람들과의 인연으로 인해 지금까지도 내 인생의 가장 소중한 추억이 되고 있다. 첫해에는 숨이 찰 정도로 많은 숙제와 시험으로 인해 캠퍼스의 아름다움도 느끼지 못한 채 학교를 다녔지만, 캠퍼스에서 가장 오래된 건물인 수학과 런트(Lunt) 홀에서의 생활은 만족스러웠다.

대수위상 과목이 유난히 숙제가 많아 늘 책과 노트를 끼고 잤는데, 하루는 숙제의 문제를 해결하려고 이리저리 계속 생각하다 깜빡 잠이 들었다. 그런데 꿈속에서 우연히 문제 해결을 위한 실마리(clue)를 찾게 되어 자리에서 일어나 바로 그것을 노트에 적어 제출했던 기억도 있다. 해석학 학기말 시험에서는 열 문제 중 일곱 문제를 선택하여 풀라는 시험지 문장도 읽지 않은 채, 시험지를 받자마자 문제만 보고 다 풀어낸 후 나중에 교수를 찾아가 채점

할 문제 일곱 개를 지정해준 적도 있었다. 학생 시절의 이러한 에피소드들은 시간이 한참 지난 오늘에도 여전히 잔잔한 기억으로 남아 있다.

1991년 여름방학에는 4주 동안 전미 지역의 위상수학 전공 대학원생들을 위한 집중강연 워크숍이 열렸다. 다른 대학에서 온 대학원생들과 함께 숙식하며, 배운 내용을 복습하고 토론하며 가끔 시카고 시내에 나가 구경도 하면서 즐거운 시간을 보냈다. 차를 마시며 수학을 이야기하고 밥을 먹으며 아이디어를 교류하는 교수와 학생들을 보며, 진정 수학의 생활화만이 수학자다운 삶의 기본이라는 생각을 하게 되었다. 생활과 삶 속에 수학이 녹아 있어야 수학자로서의 빛을 발할 수 있다는 것은 주변의 훌륭한 수학자들을 통해 충분히 검증된 사실이다.

학위논문을 쓰며

수업이수 과정(course-work)이 끝나고 박사학위 논문을 쓰면서 수학이 참으로 독창성과 인내심을 필요로 하는 학문이라는 것을 새삼 느꼈다. 대수위상을 전공한 스튜어드 프리디 논문지도 교수님은 외국학생이라 특별히 신경 써주시고 친절하셨다. 대수위상은 위상공간의 구조와 성질을 대수적인 방법을 통하여 표현하고 연구하는 분야인데, 학위논문은 다항식대수의 불변량과 분류공간의 안전성 타입에 대한 연구를 주제로 선정하였다.

학위논문 주제를 잡는 것부터 시작해 평균 한 주에 한 번씩 지도교수와 미팅을 하였는데, 일주일 동안 문제해결을 위한 진도가 나가지 않으면 미팅을 앞두고 마음이 매우 무거웠다. 그래서 논문 학기 동안에는 지도교수가 출장을 간다는 소식이 들리면 속으로 내심 좋아했던 기억이 있다. 프리디 교수님께서 자주 언급하신 말씀이 있었는데, 그것은 "Keep learning!"이었다. 즉 논문학기 중에도 좋은 강의가 개설되면 열심히 청강하고 배워 그 지식을 나의 것으로 채워나가라는 말씀이셨다. 논문을 쓰느라 바쁘다는 핑계로 열심히 실천하지 못한 아쉬운 마음이 남아 있기에 지금은 내가 나의 학생들에게 "끊임없이 배우고 그 지식을 자기 것으로 만들라"는 그 말을 하고 있다. 학생들이 이 말을 명심하고 열심히 실천하기를 바라며.

사실 학위논문을 쓰는 동안 수학이라는 학문이 만만하지 않음을 몇 번이나 깨달아야 했다. 고통과 절망감도 느꼈지만 때로는 어디서 오는 것인지 모르는 자신감도 느껴졌다. 반복되는 이러한 감정들 가운데 인내심을 갖고 문제해결을 위한 생각을 지속하다 보니 어느덧 논문이 완성되어 가고 있었다. 적막함 자체에도 소리가 있다는 것을 깨달을 정도로 조용했던 미국인 할머니 댁에서 하숙하며, 밤늦게까지 논문을 쓰기 위해 고군분투했던 것은 목표를 달성하겠다는 의지와 어떤 상황에서도 늘 최선을 다하자는 철학이 있었기에 가능했던 일 같다.

어느 공대생의 질문

어느 날 집에 가니 집주인 할머니께서 오려놓은 신문 조각을 나에게 주셨다. 300여 년이 넘은 그 유명한 페르마의 마지막 정리를 해결했다는 프린스턴대학의 앤드류 와일즈 교수에 관한 기사였다. 페르마의 마지막 정리는 'n이 2보다 큰 자연수일 때, $x^n+y^n=z^n$을 만족하는 양의 정수해 x, y, z는 존재하지 않는다'는 것이다. 이 문제를 풀기 위해 2층 다락방 서재에서 7년 동안이나 연구에 몰두했다는 와일즈 교수의 경험담은 많은 수학자들에게 자극이 되고 도전이 되는 내용이었다.

축적된 지식과 창의적인 아이디어를 이용하여 문제를 해결하는 과정에서 느끼는 즐거움과 희열이야말로 대부분의 순수한 수학자들의 소박한 꿈이요 마땅히 받아야 할 보상일 것이다. 수학과에서는 온통 페르마의 마지막 정리에 관한 이야기였다. 그런데 내 연구실 동료가 공과대학 친구에게 페르마의 마지막 정리에 대해 신나게 이야기했다가 그 친구가 "So what?"이라고 물어와 당황스러웠다는 말을 했다. "페르마의 마지막 정리가 풀려서 세상이 뭐가 달라지는데?"라는 물음에 간단히 대답하기는 쉽지 않다. 왜냐하면 수많은 수학적 이론들이 만들어져 활용되기까지는 몇십 년 혹은 몇백 년이 걸릴 수도 있기 때문이다. 환상적인 수학적 이론이 만들어지고 정립되어도 그 이론이 곧바로 세상을 변화시키지는 못할 수 있다. 그러나 그 이론은 언젠가 새로운 첨단 문명의 산업을 창출하는 데 유용하게 쓰여 반드시 세상을 변화시킬 것이다. 그래서 우리 수학자들은 새로운 이론에 열광하고, 자부심을 갖고 끊임없이 연구에 매진하는 것이다.

수학의 활용, 그리고 첨단산업의 발전

잠시 수학의 활용에 대해 간단히 얘기하고자 한다. 위에서 언급한 미국 공대생의 물음처럼 왜 수학자들은 새롭게 증명된 수학 이론 하나에 그렇게 열광하는가, 그것이 무엇에 그렇게 쓸모가 있는가. 수학이 자연과학의 근원이요 매우 중요한 기초학문이라는 것은 모두가 다 아는 사실이다. 그런데 현대의 수학은 실생활에 관여하는 금융, 정보통신, 영상 등의 분야에 직접 응용되어 쓰이고 있다는 점에서 과거와 많이 차별화된다.

예를 들어, 지식정보화 사회의 근간을 이루는 정보보호는 암호 기술을 바탕으로 하고 있는데, 암호 프로토콜 설계 및 연구에 있어 소인수분해의 성질, 이산로그의 성질, 타원곡선 및 초타원곡선 이론, 겹선형 함수의 성질과 다항식의 성질 등 정수론이나 대수학 분야의 많은 이론이 아주 유용하게 쓰이고 있다. 또한 우리가 흔히 접하는 디지털 영상에서도 수학은 활용되고 있다. 조화함수론, 선형대수학 및 미분방정식 분야에서 연구되는 웨이블릿(wavelet) 변환은 정보통신에서 신호를 분석하고 해석하는 데 응용될 뿐 아니라 영상압축, 의료영상 복원 등 영상처리 분야에서도 아주 많이 응용되고 있다.

그리고 첨단 금융기법에 쓰이고 있는 블랙숄즈 방정식을 포함하여 선형대수학, 확률론, 수치해석, 스토캐스틱(Stochastic) 이론 등이 금융산업 분야에서 아주 중요하게 쓰이고 있다. 이렇듯 고등수학을 기반으로 하는 첨단산업의 발전이 곧 국가 경쟁력과 직결되므로 결국은 수학이 국가사업 발전의 주요 근거가 된다는 것을 알 수 있다.

다시 이화에서

1995년 3월 이화여자대학에 부임한 첫 학기에 학생들을 가르치며 느꼈던 열정과 풋풋함이 지금도 생각난다. 노스웨스턴대학 못지않게 아름다운 이화 캠퍼스에서 학생들을 가르치며 연구할 수 있다는 것은 참으로 감사한 일이다. 학생들로부터 친구이고 후배이자 이제는 진정 자식 같은 마음이 드는 변화를 느끼는 것도 세월의 흐름 덕분인 것 같다.

시간이 흐르며 학생들에게 지식을 전수하는 방법에도 노하우(know-how)가 있다는 것을 터득했다. 수학을 가르치며 왜 수학을 해야 하는지, 왜 수학이 필요한지를 보여주고 이해시키는 것은 동기부여 측면에서 매우 중요한 일이다. 위상 수학자로 연구하면서 교육 및 시대 흐름 등의 영향으로 수학의 응용에도 관심을 갖게되었다. 여전히 순수수학에 대한 연구는 매우 의미 있는 일이고

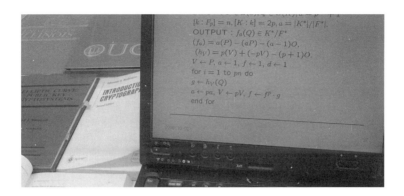

존중되어야 한다고 생각한다. 그러나 순수 및 응용의 경계를 나누는 것은 사실 바람직하지 않다. 두 특성은 서로를 위해 공존하고 늘 함께 가야 한다고 보기 때문이다.

2002년 일리노이대학에서 연구년을 보내며 본격적으로 암호학에 대해 관심을 갖고 연구를 시작했다. 당시 일리노이대학 수학과에서는 보스턴, 스타인, 더스마 교수 등이 암호 및 정보보호 그룹을 이끌고 있었다. '한 회에 다자간 키 공유를 하는 암호 프로토콜'을 설계하는 것이 잘 알려진 미해결 문제여서, 연구년 첫 6개월을 이 문제해결을 위해 온통 시간을 투자했으나 생각만큼 결과가 나오지 않았다. 암호학적으로 의미 있는 새로운 다선형 함수를 찾거나 겹선형 함수를 적절히 변형하면 될 것 같았는데 쉽지가 않았다. 다른 연구결과도 내야 하는 현실적인 문제 때문에 그 문제에 대한 노력을 잠시 접고, 연구년 후반부에는 타원곡선 및 초타원 곡선 위에서 정의되는 겹선형 함수 기반 암호에 관한 연구를 시작했다.

아직도 연구년 때의 문제를 해결하고 싶은 마음이 여전히 남아 있다. 현재는 학생들과 연구 동료들과 함께 세미나를 하며 겹선형 함수 기반 암호에 관한 연구, 즉 암호 프로토콜 설계 및 테트 겹선형 함수(Tate pairing)의 효율적 계산 등에 대한 연구를 하고 있다.

연구에는 늘 집중력이 필요하다. 시간이 흐름에 따라 관여하는 일들이 늘어나 생각만큼 시간을 많이 투자할 수 없어 아쉽지만, 그래도 나를 필요로 하는 곳에 노움을 줄 수 있다면 그 일도 의미 있는 일이라 생각하고 조금씩 시간을 할애하고 있다. 그러니 일이 많아지고 바빠지는 것은 당연한데, 그래도 교수로서 교육 및 연구에 대한 의무감은 처음이나 지금이나 그리고 이후에도 변함이 없어야 한다고 생각한다. 안전성과 효율성을 동시에 만족하는 우리 고유의 독특한 암호 개발은 나를 비롯한 모든 암호학자들의 꿈일 것이다. 외국에서 만든 암호를 수입할 필요 없이 우리가 만든 암호를 안전하게 쓰고, 더 나아가 국제 표준으로까지 쓰일 수 있게 한다면 학자로서 나라 발전에 기여하는 최선의 길이요 보람이 될 것이다.

수학에서 배우는 마음

수학을 하면서 요새는 특별한 행복감을 느낀다. 점점 더 많은 분야에서 내가 하는 수학이 끊임없이 필요하다고 요구하고 중요하다고 하기 때문이다. 금융 분야에서, 정보통신 분야에서, 영상 분야에서, 생명과학 분야 등에서 수학이 중요하다고 한다. 수학이 필요하다고 한다. 수요가 많을수록 공급의 가치가 올라가는 것은 시장원리의 기본이 아니던가?

그러나 이러한 시장논리를 말하기 전에 수학은 고대부터 이미 중요한 학문이었고, 자연과학, 공학 및 경제학 등 주변학문의 발전에 지대한 공헌을 해 온 학계의 든든한 아버지 같은 존재였다. 이러한 저력을 가진 수학은 인기가 있다고 해서 금방 오만해지지 않는다. 아주 오랫동안 변함없이 지속되어온 수학을 그래서 사랑한다. 이 학문의 저력에서 나는 꿋꿋함을 배우고, 그 논리에서 정직함을 배우고, 오만하지 않음에서 겸손을 배우며, 끊임없이 주변 학문의 발전을 지원해온 전통을 통해 남을 배려하는 마음을 배운다.

21세기 수학의 방향

21세기 지식기반의 정보화 사회에서 수학은 첨단 과학기술의 핵심에 서 있다. 흔히 과학의 기초라 불리며 순수학문의 위치에 머물렀던 수학이 이제는 실생활과 관련된 문제를 직접 해결하는 도구로 이용되고 있으며, 첨단학문과 긴밀한 연계성을 가지고 발전하면서 그 중요성이 더욱 크게 부각되고 있다. 정보기술(IT) 혁명의 기본이 되는 암호 및 정보보호, 생명과학기술(BT)에서의 유전자 정보처리, 금융경제에서의 금융상품 개발 등의 분야는 단순히 수학적 이론을 응용하는 수준을 넘어서 수학의 새로운 분야들로 자리를 잡아가고 있다. 이렇듯 수학이란 학문은 첨단과학 시대의 빠른 변화 속에서 끊임없이 그 필요와 중요성이 요구되는 분야이며, 그 응용범위 또한 많은 분야에 걸쳐 더 다양해지고 있다.

다가오는 융합과학기술(NBIC) 시대에는 학문이 서로 연계되고 통합되어 발전할 것이라 보고 있다. 수학 분야에서는 이미 순수수학뿐 아니라 정보기술과 수학, 금융과 수학, 생명과학과 수학을 연계해 교과과정에 반영하고, 교육과 연구를 통해 인재를 양성하기 위한 노력을 시작하였다. 수학의 발전이 과학기술의 발전과 맞물려 있고 국가 경쟁력의 원동력으로 직결되는 현실이 젊고 유망한 수학자들을 기다리고 있다. 수학을 공부한 학생들이 과학기술 시대의 중심에 서서 새로운 기술 발전을 선도하는 차세대 리더로서 활약하는 아름다운 모습을 그려본다.

이 효 지
Lee Hyo-Gee

한양대학교 식품영양학과 명예교수

1962년 숙명여자대학교를 졸업하고 중앙대학교에서 이학박사 학위를 받았다(1985). 1972년부터 2005년 8월까지 한양대학교 교수로 재직하다가 정년퇴임하면서 대한민국 정부로부터 녹조4등급 훈장을 받았다. 현재 한양대학교 명예교수이면서 문화재청 문화재전문위원이며, 그동안 한양대학교 생활과학대 학장, 한국생활과학연구소 소장, 한국조리과학회 회장을 역임하였다. 교수로 재직하면서 미원재단, 아산재단, 문화관광부, 한국문화콘텐츠진흥원, 산학협동재단 등에서 연구비 지원을 받아 연구하였고, 우수 저술상, 최우수 교수상, 제12회 과학기술 우수논문상을 수상하였다. 서울특별시, 문교부, 문화관광부, 농림부, 농촌진흥청, 문화재청 등의 심의위원, 평가위원, 심사위원 등으로 봉사하였고, 요즈음은 걷기와 요가를 하면서 음악을 듣고 읽고 싶은 책을 읽으며 손자, 손녀의 재롱을 보면서 재미있게 지내고 있다.

전통음식의 맥을 이어가고 있다

지금부터 48년 전인 1958년 봄에 나는 숙명여자대학교 가정과에 입학을 했다. 그 시대에는 거의 대부분의 여성교육이 현모양처를 위한 것이었다. 나도 엄한 부모님의 권유로 가정과를 지망했는데, 가정과는 오늘날처럼 전공이 세분되지 않고 의식주, 아동, 가족관계, 가정경제, 가정원예 등을 총망라하여 배우는 실천·실용·생활 과학이었다. 그중에서도 여자는 음식을 잘 만들어야 한다는 것이 중요한 교육이었다. 숙대 가정과에서는 황혜성 교수님과 조선왕조 마지막 임금 고종, 순종 황제의 수라상을 맡아 차리셨던 한희순 상궁님에게 한국음식을 배웠다. 또한 실험조리를 통하여 좀 더 조리과학적으로 음식을 만드는 방법까지 터득할 수 있었다.

졸업 후에는 황 교수님 조교로 있으면서 황 교수님이 한 상궁님으로부터 궁중음식을 연수받는 과정을 직접 보고 정리하였다. 그후 문화재관리국(현 문화재청)으로부터 조선왕조 궁중음식이

제38호 무형문화재로 지정되었고, 한희순 상궁님이 초대 기능보유자로 지정되었다가 한 상궁님이 돌아가신 후에 제2대 기능보유자로 황혜성 교수님이 지정되었다. 어머니의 손끝에서 며느리와 딸에게만 이어지던 한국음식의 위상이 무형문화재로 지정되면서 한층 높아졌다. 전국 대학의 식품영양학과 교과과정은 반드시 한국음식, 외국음식을 이수해야만 되도록 바뀌었다. 그런데 한국음식을 가르치고자 해도 정확한 요리법이 없어서 같은 음식을 만들어도 제각기 다른 결과가 나오곤 했다. 그리하여 한국음식을 가르치기 위한 책이 출판되기 시작했는데, 그 주역이 중앙대학 윤서석 교수님, 명지대학 강인희 교수님, 궁중음식연구원 황혜성 교수님이었다. 나는 다행스럽게도 이 세 분의 가르침을 모두 받아 많은 것을 배울 수 있었다.

1972년 한양대학 교수로 부임하여 2005년 8월까지 33년 6개월을 많은 학생들에게 전통음식을 가르쳤다. 학생들이 얼마나 열심이고 재미있어 하는지 나는 늘 그 시간이 기다려졌다. 많은 학생이 실습을 해도 모두 열심히 음식만 만들어서 실험실은 늘 조용하기만 했다. 구절판을 실습하는 날이면 밀전병을 얇게 부치고 채를 곱게 썰려고 노력하는 모습이 아름답기까지 했다. 완성된 음식을 놓고 자기가 만든 음식에 감탄하며 아까워서 차마 먹지 못하던 모습은 정말 귀엽고 대견스러웠다.

　김치를 담그는 날이면 남학생들이 더 적극적이었다. 맛있게 익은 김치를 먹으면서 우리나라 김치의 우수성을 스스로 터득한 한 남학생은 졸업 후 식품회사에서 김치생산을 담당하고 있다. 어느 날은 추석이 가까워 송편을 빚게 되었다. 옛말에 송편을 예쁘게 빚어야 예쁜 딸을 낳는다고 하였으나 꼭 그런 것만도 아니었다. 얼굴이 둥근 학생은 송편을 통통하게 빚고 갸름한 학생은 길쭉하게 빚는 것이 공통점이었으나 반드시 예쁜 사람만 예쁘게 빚는 것은 아니었다.

그러는 사이 가정학도 발전하여 각 대학에 박사과정이 신설되었다. 나는 한양대학 교수로 재직하면서 중앙대학 대학원 박사과정에 입학했다. 한국음식을 학문적으로 정립하려는 일념으로 윤서석 교수님을 지도교수로 모시고 공부할 수 있는 기회를 얻은 것이다. 그러다가 점차 한국요리의 방법만이 아니라 각각의 음식이 어떠한 배경으로 만들어졌으며 시대에 따라 어떻게 변화하였는가를 공부하는 식품사, 식생활사, 식문화사라는 영역으로 관심이 뻗어 갔다. 그리하여 같은 대학의 이성우 교수님과 식품사 공부를 하게 되었는데, 식품사를 공부하면서 조선왕조 궁중연회 음식의 면모를 알고 싶은 욕심이 생겼다.

조선시대 궁중연회의 전모를 기록한 '의궤(儀軌)'는 숙종 45년(1719)부터 광무 6년(1902)까지 《진연의궤進宴儀軌》 6건, 《진찬의궤進饌儀軌》 8건, 《진작의궤進爵儀軌》 3건 등 모두 17건이 있다. 의궤의 내용은 연회집행의 부서, 사무집행의 절차, 참석자의 명단, 연회중의 주악, 주빈자의 선덕(善德)을 칭송하여 올리는 글인 치사잔문, 연회의 규모에 따른 상의 종류, 각 상에 놓이는 음식의 재료와 분량, 상화(床花)의 종류, 연회석이나 요리에 쓰이는 기구, 일람표 등으로 질서정연하게 설녕을 선개시켰다. 나는 이 의궤를 분석하여 《조선왕조 궁중연회 음식의 분석적 연구》라는 책을 출판함으로써 궁중연회 음식을 한눈에 볼 수 있도록 하였다. 또한 윤서석 교수님이 정년퇴임하시면서 제자들과 '한중일 음식 비교연구회'를 조직한 후에는 여러 권익 역서를 출판하기도 하고, 우리 음식과 다른 나라의 음식을 비교하기 위하여 실제로 그 나라를 여행하면서 연구하고 있다.

그 사이 각 대학에서도 많은 변화가 있어 단순히 음식을 가르치던 교과과정에서 식생활문화, 전통음식의 이해, 세계의 음식문화 등의 교과목이 개설되었다. 보다 심층적인 교재가 필요하여 《한국의 음식문화》, 《한국음식의 맛과 멋》이라는 책을 출판하기도 하였다. 그동안 배출한 제자들이 이제는 각 대학에서 학생들을 가르치고 있는데, 어쩌다 만나서 음식에 대한 이야기를 나누면 제각기 의견이 달랐다. 그래서 우리 음식이 올바르게 계승되어야겠다는 생각에 '우리음식지킴이회'를 조직하여 제자들과 공부를 계속하고 있다.

국가에서도 전통음식 보존을 위해 여러 방면으로 노력하고 있다. 문광부에서는 2001년 한국방문의 해와 2002년 월드컵 개최로 한국을 방문하는 외국인들에게 보다 질 좋은 음식을 대접하기 위해 많은 관심을 기울였다. 그 일환으로 해마다 우리 문화 원형의 디지털 콘텐츠사업으로 자유공모과제를 응모하도록 하여 많은 교수들이 연구를 계속하도록 하고 있다. 그 덕분에 나도 2003년에 '조선시대 조리서에 나타난 식문화 원형 콘텐츠 개발'이라는 연구를 수행하기도 했다. 한편 서울시에서는 자랑스러운 한국음식점을 지정하고 책자로 발간하여 한국을 찾는 외국손님들에게 우리 음식을 자랑스럽게 홍보하고 있다.

또한 국제교류재단에서는 한불 수교 120주년을 기념해 2006년 6월 파리의 아클리마타시옹 공원에서 '한국전통음식전시회'를 열어 숙명여대부설 한국전통음식연구원에서 우리 음식을 마음껏 자랑하기도 했다. 그러던 중에 〈대장금大長今〉이라는 MBC 드라마가 해외에 수출되어 우리 음식의 우수성을 세계에 알리게 되어 너무 기쁘다. 그러나 유명호텔의 전통음식점이 문을 닫고, 우리 음식에 외국음식이 접목되어 이상한 퓨전음식으로 흐르고 있으니 우리 음식의 전통을 이어간다는 의미에서는 안타까운 일이다.

앞으로 젊은 후배들이 우리 음식에 많은 관심을 가지고 공부를 계속하여 전통음식의 맥을 이어가기 바란다. 가장 한국적인 음식이 세계적인 음식인 것이다.

정 광 화
Chung Kwang-Hwa

한국표준과학연구원 원장

서울대학교 물리학과를 졸업하고 미국 피츠버그대학에서 물리학 박사를 취득한 뒤 1978년 한국표준과학연구원에 해외 유치과학자로 들어왔다. 이후 진공기술전문가로 질량표준연구실장, 압력진공연구실장, 진공기술센터장, 물리표준부장 등을 역임하는 등 진공기술 전문가로 진공표준 확립에 기여해 왔다. 대외활동으로는 국가과학기술위원회 민간위원, 대한여성과학기술인회 회장, 한국물리학회 이사 등을 역임했으며, 현재 한국진공학회장, 국가과학기술자문위원회 자문위원 등으로 활동하고 있다.

균형 있는 지식은 미래의 경쟁력이다

여자 물리학자, 상상이 안 된다고?

나는 해방 3년 뒤에 6남매 중 넷째로 태어났는데, 위로 오빠 둘, 아래로 남동생 둘이 있어 별로 주위 사람들의 주목을 받지 못한 채 자랐다. 학교에 들어가서는 대부분의 여학생들이 취약한 수학과 물리과목의 성적이 좋았는데, 부모님은 수리과목 잘하는 사람이 머리가 좋은 거라며 늘 나를 자랑스러워하셨다. 아버지는 여러 자식 중에서 나를 특히 예뻐하시며 친구분들에게 자랑하시곤 하셨다. 어머니는 당시로는 정말 드물게 경성사범전문학교를 나오신 인텔리셨는데, 당신이 하고 싶었던 공부를 내가 하니 매우 기뻐하셨다. 당시는 여유가 있어도 딸은 대학에 보내지 않는 경우가 다반사였고, 혹 보내더라도 시집 잘 보내기 위한 조건으로만 생각하는 부모가 태반이었다. 그러한 시대에 물리학을 좋아하는 딸을 자랑스럽게 생각하신 부모님을 만난 것은 내게 천운이었다.

예나 지금이나 자연은 나를 매료시킨다. 나는 자연에 대한 호기심과 경외감으로 그것을 탐구하고 싶었다. 자연과학 중에서도 단순히 자연현상을 관찰하는 것이 아니라 우주의 근본과 그 조화와 아름다움을 탐구하는 학문인 물리학에 특히 매혹되었다. 자연은 아름답고, 신이 창조한 내면세계의 조화와 질서는 더 아름다우며, 물리학은 바로 그 내재적인 아름다움을 추구하는 학문이라 생각했다. 인문과학, 사회과학, 그리고 예술 등은 인위적인 것을 공부하는 것이라서 일시적이고 부질없는 것들이라고 여겼다.

대학 시절 나는 모든 것에 무관심하고 털털한 학생이었다. 언니가 입었던 바지를 물려받아 무릎과 엉덩이를 기워 입었고, 늘 운동화만 신고 다녔다. 당시에는 나 스스로 내가 여성이라는 것 자체를 부정했다. 결혼은 여성에게 '인생의 무덤' 이라 생각하고 평생 혼자 물리학만 연구하며 살겠노라고 다짐했다. 당시는 데모가 극심해서 휴교상태일 때가 많았는데 나는 몇몇 뜻있는 친구들과 집에서 세미나를 하며 공부를 했다.

내가 대학을 졸업할 무렵 물리학과 졸업생들에게는 장학금을 받고 미국에 유학할 수 있는 길이 비교적 넓게 열려 있었다. 미국 교수들이 부족한 연구 인력을 확보하기 위해 한국 유학생들을 많이 받았던 것이다. 나는 자연스럽게 미국 유학 수속을 밟았고 장학금 조건이 가장 좋은 피츠버그대학으로 유학을 결정했다. 집안 사정이 어려워 돈을 빌려 비행기표를 샀기 때문에 장학금을 절약해 항공료를 갚았고 그 뒤로도 장학금의 절반 정도는 집으로 송금했다. 나는 우주의 가장 근본을 파고자 하는 열망으로 이론소립자 물리를 전공으로 택하여 6년 만에 박사학위를 받았다. 그러는 동안 3년 선배인 남편과 결혼도 했다.

내가 미국에 있었던 1970년부터 한국 경제는 엄청나게 발전했다. 한국은 경제개발에 착수해 많은 과학기술자를 필요로 했고, 정부는 KIST 등 출연연구기관을 설립해 외국에서 과학기술자를 유치하기 시작했다. 나보다 먼저 학위를 끝낸 남편은 대전에 취업해서 귀국했고, 나는 학위논문이 통과하자마자 귀국하여 이곳저곳 자리를 알아보다가 여성에 대한 편견이 전혀 없는 김재관 소장님의 배려로 한국표준연구소에 자리를 잡았다.

귀국하면서 나는 미국의 풍족하고 편리한 생활에 익숙해 있다가 한국 생활에 적응할 수 있을까 많은 걱정을 했다. 화장실에 휴지는 있을 것인가, 연탄을 갈아야 하는가, 우유와 계란은 충분히 먹을 수 있을까 등등. 그러나 모든 것이 기우였다. 서울 거리는 LA보다 진한 스모그현상을 보였고, 여러 가지 생활용품은 충분했다.

연구 활동

측정표준과 한국표준과학연구원

한국표준과학연구원은 국가측정표준 대표기관으로서 국가측정표준을 확립하고 보급하는 것이 사명이다. 모든 과학, 산업 그리고 일상생활은 측정을 기본으로 하여 이루어진다. 측정의 기준이 잡혀 있지 않고 사람마다 측정하는 결과가 다르다면 심각한 혼란이 야기될 것이다.

표준은 국가의 산업 및 경제활동의 질서를 잡아 그 발전을 뒷받침해주어야 한다. 미국의 NIST, 독일의 PTB, 영국의 NPL 등 선진국 표준연구기관들은 100여 년 전 이 국가들이 산업화를 시작하면서 설립되었는데 모두가 각 나라 최초의 국립연구기관이다. 표준은 현장에서 행해지는 모든 측정의 기준을 잡아주어야 하므로 과학과 산업이 발달하고 새로운 영역으로 확대될 때 새로운 과학과 산업의 척후병 역할을 하여야 한다. 최근 환경, 보건 등 삶의 질과 관련하여 여러 가지 사고가 발생하고 있다. 국가는 국민복지와 직결되는 이들 분야에 대해 여러 가지 규제와 관리를 하고 있는데, 이와 같은 일들은 국민들이 국가에서 발표하는 데이터들을 절대적으로 신뢰할 수 있도록 확실한 표준체계를 요구한다.

표준은 곧 정직이다. 정직함은 과학의 모든 분야에 적용되지만 표준에 있어서는 특히 엄격하다. 표준은 현장에서 이루어지는 측정의 측정값을 정하는 동시에 그 측정값이 갖는 오차한계까지 정해주어야 한다. 측정값을 1퍼센트의 오차로 정해주기 위해서는 100배, 0.1퍼센트 오차 이내로 기준을 잡아주기 위해서는 1000배 이상의 정확도를 요구하며, 때로는 100만 분의 1 이내의 오차가 요구되기도 한다. 따라서 표준에 대한 연구는 기초과학 연구를 수반하며, 표준기관에서는 많은 노벨상 수상자를 배출하였다.

표준의 또 다른 특징으로는 세계화를 들 수 있다. 표준은 우리만 옳다고 주장해 봐야 소용이 없으며, 반드시 세계 여러 나라가 인정해주어야 우리나라에서 생산하는 측정데이터들이 국제적 공신력을 가질 수 있다. 이를 위한 기관으로 국제도량형총회, 국제도량형국 등이 있어 국제 비교를 조직하며, 각국에서 지키고 있는 표준을 상호 비교하여 그 결과를 국제도량형국(BIPM) 홈페이지에 게시함으로써 각국의 표준 실력이 공개된다. 현재 한국표준과학연구원의 실력은 세계 7위권으로 인정받고 있다.

1975년 설립된 한국표준연구소는 1978년 다른 출연연구기관들보다 한발 앞서 대덕 연구단지의 가장 중심이 되는 곳에 터를 잡았다. 지금은 대전광역시로 편입되었지만, 당시만 해도 대덕군에 속했던 그곳은 길도 없고 택시도 들어가기 꺼려하던 황량한 벌판이었다. 주소가 유성구 도룡동 1번지인 이 신생 연구소에서 소립자이론을 계속 공부할 길은 없었다. 나는 나의 전공을 접고 국가가 필요한 일에 내 능력을 쓰겠다고 다짐하며, 질량표준연구실을 맡게 되었다.

진공표준 및 기술 연구

한국표준연구소의 업무가 확장되자 질량표준연구실이 압력, 힘, 유량실로 분화되어 나는 압력실을 담당하게 되었다. 산업 및 과학 발전을 위한 인프라로서 진공의 중요성을 깨달은 나는 1983년 KIST로부터 불용장비로 받은 펌프와 챔버로 진공표준기 제작을 시작하였다.

진공연구의 가장 큰 어려움은 연구비 확보였다. 진공 장비 및 부품들이 워낙 고가인데다가 진공표준은 길이, 질량, 시간 등과 같이 기본단위가 아니고 압력표준처럼 당장 산업체의 요구가 있는 것도 아니어서 연구비를 확보할 길이 막막했다. 그뿐 아니라 진공은 대기압에서부터 초고진공까지 그 영역이 넓고, 각 영역별로 적용해야 하는 물리법칙도 다르므로 영역별로 여러 개의 시스템을 구비해야만 했다.

마침 이종오 당시 과학기술처 장관이 연구소를 방문했을 때 진공표준의 필요성에 대해 브리핑했는데, 진공표준의 중요성에 대해 동감한 장관은 진공 분야를 포함하여 매년 10개씩의 새로운 표준분야를 확대해가는 '표준분야 확대' 과제 연구비를 지원해주었다. 표준분야 확대 과제가 끝날 무렵에는 국제 공동연구로 미국 NIST와 초음파 간섭원리 수은주 압력계를 제작할 수 있었고, 그 후에는 극한기술개발 과제가, 또 이어 진공기술 기반구축 과제가 이어져 나는 20년 이상 진공 연구를 지속할 수 있었다. 이토록 오랜 기간을 한 가지 분야에 몰두할 수 있었던 것은 출연연구소 연구원으로서 대단한 행운이었다.

진공은 극한상황이며, 게다가 표준을 확립하기 위해서는 극고진공에 도달해야 하므로 엄청난 끈기와 주의를 요구한다. 자칫 손때가 묻거나 침 한 방울이라도 내부에 튀면 초고진공은 도달하지 못한다. 고무링들을 통해서는 공기가 스며들어오기 때문에 사용하지 못하고, 테플론이나 플라스틱 등은 가스를 배출하기 때문에 진공용기 내부에 사용할 수가 없다. 미세누출을 찾느라 한 달 이상 허비할 때도 있었고, 까닭 없이 흐르는 데이터를 바로잡느라 시스템을 조립했다 해체하기를 수십 번 반복할 때도 있었다. 집에서는 저녁만 먹고 다시 실험실로 돌아와 새벽까지 실험하기를 20여 년, 그 결과 지금 진공기술센터는 세계 최고의 진공표준 실력을 갖추었고 세계 유일의 진공기술 종합평가센터로 자리 잡았다. 이러한 연구 성과로 2000년 '국민훈장 목련장'을, 그리고 2003년에는 '이달의 과학기술자상'을 수상하였다.

대외 활동

과학기술계 활동

20여 년간 연구 활동에만 전념했던 나는 1999년 국가과학기술위원회 위원이 되었다. 그것은 전혀 기대하지 않았던 일이었다. 당시 국민의 정부는 모든 정부 위원회에 여성을 30퍼센트 이상 포함시킬 것을 요구했는데, 마침 정부출연연구소의 책임연구원이 둘밖에 없어 그중 내가 선택되었던 것 같다. 국가과학기술위원회는 대통령이 위원장이고, 과학기술 관련 각 부처 장관과 세 명의 민간위원으로 구성되어 우리나라 과학기술 정책을 최종 결정하는 각의 수준의 위원회이다. 2001년부터 2003년까지 다시 연임했는데 이때는 민간위원이 여섯 명으로 늘어났다. 지금까지 국가과학기술위원을 연임한 사람은 나 혼자뿐이다.

2000년과 2001년에는 국가연구개발사업 조사분석 평가위원 장을 맡아 이 제도가 정착하는 데 기여하였다. 당시 가장 중요한 이슈는 정통부, 산자부 등 각 부처가 과학기술부의 조사분석 평가 활동의 공정성에 대해 가지는 불신이었는데, 과학기술부와 KISTEP의 공평무사하고 능률적인 업무수행으로 이 불신이 모두 해소되었다고 생각한다. 그후 2005년 12월 국가과학기술자문회 의의 자문위원이 되어 현재에 이르고 있다.

한국진공학회

1982년 2월 22일 대전에서 한국진공학회 창립대회를 가졌다. 그 날은 몹시 춥고 진눈깨비가 내려 길이 매우 미끄러웠다. 무척 가 슴을 졸였는데, 그 고약한 날씨에도 80여 명이 대회에 참석하여 성황을 이루었다. 이후 나는 진공간사, 사업간사, 편집위원장, 이 사, 부회장 등을 거쳐 2005년 9월 드디어 한국진공학회 회장이 되 었다. 현재 한국진공학회는 회원 2000여 명의 거대 학회로 성장 하여, 매년 두 차례 학술대회 및 기기전시회를 개최하고 세 차례 교육훈련을 제공하며 학술지를 6회 발간한다.

대한여성과학기술인회

대한여성과학기술인회는 1983년 창립되었다. 나는 창립 때부터 내내 부회장을 지내다가 2000년부터 4년간 3, 4대 회장을 맡게 되었다. 친목단체를 이끄는 정도로 가볍게 생각하여 맡은 것이었으나 때마침 여성과학기술인에 대한 사회와 정부의 높아진 관심으로 인해 결국 이 일에 엄청나게 많은 시간을 할애해야 했다.

회장 취임 후 나는 이 단체가 전문직 여성과학기술인들의 모임이므로 서로 정보를 교환할 필요가 있다는 판단 아래 여성과학기술인력 DB 구축사업을 시작했으며, 매년 두 차례씩 대규모 학술행사도 가졌다. 2001년에는 당시 영부인 이휘호 여사를 모시고 '물, 물, 물' 대토론회를 가졌고, 2003년에는 50여 개국 500여 명이 참석한 '제1회 세계여성과학기술자 학술대회'를 개최했다. 또한 2005년에는 제13회 세계여성공학과학기술자대회(ICWES13)를 유치하기도 했다.

2000년을 전후하여 과학기술부에서 여성과학기술인 육성을 위한 정책을 수립하기 시작했는데, 당시에는 대한여성과학기술인회가 유일한 여성과학기술인 단체였기 때문에 그 카운터파트가 되어 과학기술부에 여러 가지 구체적인 정책을 제안했다. 또한 '여성과학기술인 육성 및 활용에 관한 법률안'을 제정하는 데 정책연구, 공청회 개최, 정부 각 부처 및 국회에 법 통과를 위한 진정서 제출 등 로비활동도 해야 했다.

과학의 미래에 대한 전망 및 예측

과학이라는 분야는 매우 광범위하다. 물리, 화학, 생물 같은 기초적인 분야 외에 전자전기, 정보통신, 컴퓨터처럼 응용과학 분야도 많다. 현대는 모든 과학 분야의 융합시대이며, 나아가 과학과 문화, 과학과 사회의 융합시대로 나아가고 있다.

과학 분야들이 발달해 온 과정을 살펴보면, 그것은 늘 인간 생활을 좀더 윤택하게 하기 위한 방향으로 발전되어 왔다. 전화기가 생겨서 먼 거리에 있는 사람들과 쉽게 소식을 전하게 되었고, 기차나 지하철, 자동차 등 이동수단이 생겨나면서 자유롭게 원거리 여행도 가능해졌다. 일기예보도 정확해지고, 핸드폰, MP3 등 다양한 첨단기기들이 나와 재미와 편리를 동시에 추구하게 되었다. 많은 사람들이 과학의 발전으로 인한 대량살상 및 환경공해 등의 부작용을 말하기도 한다. 그러나 나는 과학의 발전으로 인해 물자, 교통, 정보의 소통이 원활해짐으로써 인류사회가 비로소 힘의 논리가 지배하던 과거의 계급사회를 벗어나 평화공존, 인간의 존엄, 민주주의라는 개념을 실현했다고 생각한다. 앞으로도 과학기술은 인류가 현명하게만 사용한다면 인류의 삶의 질 향상에 지속적으로 작용할 것이다.

몇 년 전부터 과학자들은 '생각' 만으로 기계를 작동시키는 장치를 개발하는 데 노력하고 있다. 생각만으로 움직이는 기계가 등장한다면, 사고로 전신이 마비된 사람들의 복지와 재활에 도움을 줄 수 있을 뿐만 아니라, 인간과 컴퓨터 사이에 새로운 의사소통 수단이 생겨나게 된다. 아직은 꿈같은 이야기처럼 들리지만, 만약 이것이 성공한다면 인간은 말을 하거나, 글을 쓰거나, 자판을 두

드리는 구체적인 행동 없이도 자신의 생각이나 감정, 명령을 전달하고, 컴퓨터는 이를 처리해 인간에게 전해줄 것이다. 공상영화 속에서나 보았던 생각만으로 움직이는 컴퓨터. 인간이 육체의 구속에서 벗어나 뇌만으로 존재할 수 있는 세상도 아주 불가능한 것은 아닐지 모른다.

최근 들어 생명과학, 나노과학, 천문학 등의 다양한 학문 분야에서 매일 새로운 사실들이 쏟아져 나오고 있다. 지금까지의 과학들은 100여 년 전에 정립된 전자기학, 상대성이론, 양자역학 등의 물리학을 토대로 발전된 것들이다. 지금처럼 과학기술의 새로운 발견이 계속된다면, 앞으로 10년쯤 후에는 생명과 우주에 대해 상대성원리나 양자역학을 초월하여 자연의 근본 개념을 뒤바꾸는 새롭고 혁명적인 물리학 이론들이 나오지 않을까, 그리하여 다시 물리학의 황금시대가 도래하지 않을까 기대해본다. 어쩌면 새로운 물리학 이론으로 인간의 정신세계를 명확히 밝혀, 몸과 정신이 분리된 것이 아니라 그 영혼을 탐구할 수 있는 시대가 오지 않을까 기대해본다.

맺음말

현재의 지식기반 사회에서 국가 경쟁력은 곧 '과학기술력'이다. 폴 케네디도 《강대국의 흥망》에서 특정 국가가 타국보다 강대국이 되는 주요 이유 중 하나로 기술발전의 차이를 지적하였고, 최근 윌리엄 번스타인의 《부의 탄생》에서도 국가의 부를 창출하는 조건의 하나로서 과학적 합리주의의 확산을 주장하였다. 세계 각국은 과학기술 강국이 되기 위해 우수한 인재를 양성하고, 막대한 예산을 연구개발 활동에 투자하고 있다.

우리나라도 과학경쟁력이 국가경쟁력의 기본이 된다는 범국민적인 이해가 어느 정도 형성되고 있다. 특히 과학기술이 국가경제의 주요 요인으로 등장하고 국가예산의 중요 부문을 차지하면서 과학기술이 몇몇 특정인에 의해 발전히던 시대는 지나갔다. 옛날과 달리 지금은 과학기술이 사회적 이슈가 되고 있다. 과학기술에 대한 사회의 요구사항도 많아지면서 기술의 가치평가, 기술의 상용화, 과학기술정책, 과학기술 문화의 확산 등 과학기술과 사회문화의 인터페이스에 대한 중요성도 빠르게 증가하고 있다. 과학기술적 사고에 기초한 사회적 수요가 확대됨에 따라 과학기술자가 국가 주요 정책결정 과정에 참여해야 하는 당위성이 높아지고 있는 것이다. 따라서 기업의 CEO뿐만 아니라, 과학기술 관련 연구개발을 담당하고 있는 행정부처의 고위공직에 과학기술 전문가를 채용하도록 하는 것은 당연한 조치다.

이공계 전공자들은 긍정적인 사회적 인식 변화 및 전망 속에서 주변 환경에 보다 예민해질 필요가 있다. 현대사회는 얼마나 다양한 사람들과 유기적인 관계를 맺어 인적 네트워킹을 구축하고 '리더십'을 발휘하는가가 중요해지고 있기 때문이다. 과거처럼 연구실에서 연구에만 몰두해서는, 시야가 좁아져 리더십을 키울 기회조차 갖기 어렵다. 따라서 자신의 일에만 몰두할 것이 아니라 과학계, 산업계, 더 나아가 세계가 어떻게 변화하고 있는지 살펴볼 필요가 있다. 새롭게 대두되는 여러 분야의 학문적 발견들에 폭넓은 관심을 가지고 균형 있는 지식을 쌓아야만 미래 경쟁력을 갖게 되는 것이다.

한국표준연구소에 입소하여 30년 가까이 근무하면서도 나는 대외적인 활동을 꿈꿔보지 않았다. 내게 리더십이 있다는 것조차 생각해보지 않았다. 연구소에서도 내게 보직이나 연구소를 대표할 만한 지위를 주지 않았고, 나는 그저 조용히 가정과 직장을 양립하며 지내리라고 생각했다.

순탄하게만 자랐던 내가 6남매의 맏며느리 역할을 하면서, 그리고 여성과학자가 드물던 시대의 희소가치 덕분으로 늦게나마 여러 가지 대외 활동을 할 기회를 얻어 리더십을 배우고 훈련하게 되었다. 지도력을 타고나는 사람은 없다. 지도력 또는 경영능력은 사람들과 부대끼면서 크고 작은 일들을 경영하며 성공과 실패를 경험해야 향상된다. 인간의 능력은 실제 그 자리에 도달하기 전에는 알 수가 없다. 그동안은 여성들에게 자신을 훈련시킬 기회가 별로 없었지만 앞으로는 사회가 더 활짝 문을 열어줄 것이라 기대한다.

진 희 경
Jin Hee-Kyung

경북대학교 수의과대학 수의학과 교수

1993년 강원대학교 수의학부를 졸업한 후 동대학원에서 수의학 석사를 취득했다. 일본 홋카이도대학교 수의학과에서 수의학박사를 취득했으며, 2000년부터 2003년까지 미국 마운트 사이나이 의과대학교의 박사후연구원을 거쳐 현재 경북대학교 수의과대학 수의학과 조교수로 재직하고 있다. 현재 일본 이화학연구소(RIKEN)의 뇌과학연구소 객원연구원, 영국 런던대학교 로열프리의과대학 객원연구원으로도 활동하고 있다.

언제나 미래를 꿈꾸며 준비하는 오늘

1988년 12월, 수의학과 면접고사장에서 한 교수님이 물었다. "수의학과를 졸업하고 장래에 어떤 일을 하고 싶어요?" 나는 서슴지 않고 대답했다. "졸업 후에 외국 대학원에서 박사를 마친 후 교수가 되어, 연구하고 교육하는 일을 하고 싶습니다." 입학도 결정되지 않은 그 상황에서 어떻게 그런 자신만만한 대답을 할 수 있었을까. 그러나 현재 나는 그때 대답한 것처럼 대학교수가 되어, 열심히 연구하고 교육하고 있다. 어쩌면 그때의 대답에 대한 책임감으로 지금까지 최선을 다해 왔던 것 같다.

내가 입학할 당시 수의학은 일반인들에게 그다지 친숙한 학문이 아니었고, 발달된 학문은 더더욱 아니었다. 내가 수의학을 선택한 것은 아빠의 권유 때문이었다. 아빠는 아직은 별로 알려지지도 않았고 발전된 학문도 아니지만, 장래의 전망이 아주 밝은 학문이라고 말씀하셨다. 그때 아빠의 말씀처럼 경제성장과 더불어 사회의 전반적인 분위기가 선진국화되면서 지금은 수의학도 발달하고 국민의 관심도 커졌다.

하지만 1989년 수의학과에 진학했을 때는 신설된 지 1년밖에 되지 않은 학과라서 모든 것이 부족했다. 각 세부선공 교수도 부족했고, 수업과 실습 여건도 부실했다. 또 선배도 없는 터라 앞으로 어떻게 공부하고 졸업 후 어떤 진로를 택해야 할지 물어볼 데도 없었다. 더구나 1년 위 선배들이 후배의 기강을 확립한답시고 몰상식한 행동을 해서, 나는 학과에 대한 흥미를 잃고 대학생활에 대한 회의도 컸다. 대학 1, 2학년 때는 거의 학교에서 시간을 보내지 않고, 수업만 듣고는 곧장 성당으로 달려가 주일학교 선생님으로 봉사활동을 했다. 그때가 나에게 가장 보람 있고 즐거운 시간이었다.

3학년부터는 전공과 영어 공부에 더 많은 시간을 투자하며, 조금씩 미래를 준비했다. 그런데 4학년이 되던 봄에 나를 수의학과로 이끄셨던 아빠가 뇌출혈로 갑자기 세상을 떠나셨다. 늘 함께 계시리라 믿었던 아빠가 돌아가시고 나서, 우리 가족은 오랫동안 몹시 힘들었다. 4학년 졸업 후 진로를 결정할 때, 나는 자연스럽게 대학원 진학으로 마음을 굳혔다. 임상수의사로서의 매력도 컸고, 공무원 특별채용 기회도 많았지만.

석사과정의 전공은 수의병리학을 선택했는데, 지도교수님의 배려로 한림대학교 의과대학 실험동물부(현재 의학유전학 교실)에서 지내게 되었다. 소속 연구실을 떠나 다른 학교 연구실로 파견되는 일은 나에게 무척 큰 스트레스였다. 제대로 배워야 하고, 실수하지 않고 책임을 다해야 한다는 중압감이 늘 마음속에 있어서 언제나 긴장해야만 했다. 하루하루가 무척 힘들었고, 많은 실험과 실험동물 관리로 더욱 피곤했다. 그러나 그곳에서 실험동물의학과 유전학에 관하여 연구하고 공부하면서 처음으로 수의학 내에서 '실험동물의학'이란 전공의 가치를 느꼈고, 더 깊은 공부를 해보고 싶은 열망도 생겼다.

당시 국내에는 실험동물의학을 전공한 사람이 거의 없었고, 전공 자체도 별로 알려져 있지 않았다. 이러한 현실을 타개하기 위해 나는 유학을 결심했다. 그러나 6개월 후면 석사를 마칠 나에게 미국 유학은 경제적으로 감당하기 어려운 일이었다. 더욱이 그때부터 미국 대학에 진학할 준비를 하는 것도 현실적으로 어려웠고, 시간을 다시 낭비하고 싶지도 않았다. 그래서 일본 수의과대학의 실험동물의학 교실들을 찾아보기 시작했다.

내가 선택한 곳은 일본 삿포로에 위치한 홋카이도대학이었다. 과거 일본의 7개 제국대학 중 하나이며, 오랜 역사에 걸맞게 연구 수준도 아주 높은 대학으로, 특히 일본 내 수의과대학 가운데 도쿄대학과 어깨를 나란히 하는 명문이었다. 서툰 영어로 수의과대학 실험동물의학교실 교수님께 박사과정에 진학하고 싶다는 편지를 보냈더니, 환영한다는 회답이 와서 입학 수속을 준비했다. 석사과정을 마친 1996년 4월 일본 홋카이도대학 수의과대학원으로 유학을 떠났다.

25년간 가족들과 함께한 춘천을 떠나던 날, 엄마는 공항으로 출발하는 순간까지도 "꼭 가야 하니? 어떻게 혼자 밥 해먹고 살 건데?" 하고 걱정하셨다. 그러나 오빠와 언니의 전폭적인 지지를 받으며, 떨리는 마음으로 삿포로행 비행기에 올랐다. 흔히 '가깝고도 먼 나라'라고 하는 일본이 나에게도 너무 낯설었으나, 일본 유학은 내가 최선을 다해 노력한 만큼 좋은 연구논문과 함께 여러 가지 많은 기회들을 제공해주었다. 거기서 연구하는 동안 경제적으로 어려움이 많았기 때문에 지금도 그때를 생각하면 머리가 아프고 가슴이 답답해진다.

　　일본에 도착한 다음날 지도교수에게 연구주제를 받았다. 그때부터 많은 참고문헌들을 읽으며 주제를 연구할 계획을 세우고, 실험방법을 찾아 실험하고, 결과를 해석하며 논문을 작성해야만 했다. 기초가 부족했던 나는 많은 공부를 해야만 했고, 더구나 실험방법도 처음이라 시행착오가 많아서 때론 해결하지 못해 며칠을 고민하기도 했다. 그럴 때마다 나는 같은 실험방법을 사용하는 다른 연구실의 선배들을 찾아다녔다. 일본어가 서툴렀던 첫해에는 미리 질문리스트를 작성했다가 선배가 편한 시간을 틈타 물었는데, 지독히도 끈질기게 찾아다니던 나를 귀찮아하면서도 자세히 가르쳐주어, 그 덕분에 대학원 생활도 조금씩 적응되어 갔다.

　　대부분의 유학생이 그렇겠지만 나도 경제적으로 어려웠다. 당시 홋카이도대학에는 많은 한국유학생이 있었는데, 수의과대학만 해도 여덟 명이나 되었다. 대부분이 나와 같은 자비유학생이라 우리는 모두 장학금을 신청했는데, 나는 매번 탈락되었다. 가족이 딸린 유학생이나 고학년에 우선권을 주기 때문이었다. 나는 그 이유가 불합리하다고 생각하면서 결과를 수용하느라고 마음도 많이 상했다. 설상가상으로 그해 한국에 외환위기 사태까지 벌어져, 학업을 계속할 수 있을까 하는 심각한 상황에 놓였다.

경제적 어려움을 극복할 수 있는 유일한 방법은 학위과정을 1년 앞당기는 것뿐이었다. 홋카이도대학에서 박사학위를 받으려면 4년 동안 SCI 논문 두 편을 주저자로서 내야 한다. 그런데 SCI 논문이 세 편 이상이거나 IF가 높은 저널에 논문을 발표하면 기간을 3년으로 단축할 수 있으며, 그때에는 특별위원회를 구성하여 심사한다는 규정이 있다. 나는 기간을 단축시키려고 많은 노력을 했고 또 운도 따라주어 3년 만에 박사학위를 받을 수 있었다.

일본 유학을 통해 내가 얻은 큰 재산은 박사학위 이외에 많은 선배(일본인)들을 알게 된 것이다. 나는 1988년 신설된 강원대학교 수의학과 2회 졸업생으로, 선배보다는 후배들이 절대적으로 많기 때문에 이 점을 더욱 절실하게 느낀다. 지금 일본 내 여러 지역의 대학이나 연구소에서 각각 연구와 교육을 담당하고 있는 많은 선배들은 유학 시절부터 내 삶의 지표가 되었고, 지금도 나에게 많은 조언과 도움을 주신다.

나는 박사후연구원이 되기 위해서, 《네이처》 구인란에 나와 있는 여러 대학에 이력서를 보내고 대답을 기다렸다. 미국 대학 두 곳에서 연락이 왔는데, 나는 뉴욕의 마운트 사이나이 의과대학으로 결정했다. 일본학술진흥재단의 박사후연구원으로 이미 선정되었지만, 미국에서의 연구경험이 나에게 훨씬 유익하리라 생각하여 미국행을 결심했다. 뉴욕으로 향하며 나는 일본으로 유학 올 때보다 훨씬 더 긴장되고 두려웠다. 박사학위를 취득한 후 성취감보다는 허무를 느꼈는데, '박사'라는 타이틀에 뒤따르는 책임감의 무게 때문이었는지 모르겠다.

미국에서 내가 수행한 과제는 당시만 해도 많은 연구자들에게 새로운 연구 분야로서 성체줄기세포(adult stem cell)를 이용한 신경퇴행성 질환의 세포치료 가능성을 동물모델에서 시도하는 것이었다. 박사과정 때의 연구주제와는 또 다른 도전이었기에 많이 공부하고 또 열심히 실험하였다.

세계의 중심인 뉴욕은 문화생활에 빈곤했던 나에게 아주 많은 경험들을 주었다. 더욱이 뉴욕은 너무나 다양한 인종이 살고 있어서 모두 다 자기만의 영어발음과 문장(?)으로 대화를 하기 때문에 영어가 정말 서툴렀던 나조차도 많은 사람들과 자신 있게 대화할 수 있었다.

사람 좋기로 유명했던 나의 지도교수 셔크만 박사는 학회발표를 위해 함께 워싱턴 DC로 가던 기차 안에서 이런 이야기를 해주었다. "희경, 인생은 사이클과 같다고 생각해. 내가 너에게 베풀면 너는 또 다른 너의 학생들에게 베풀 것이고, 그후 그 학생은 또 다른 누군가에게……. 이렇게 돌고 돌면서 언젠가는 내가 남에게 베풀었던 것 이상이 나 자신에게 돌아오는 것 같아. 물론 그 형태는 내가 준 것과 다르더라도 말이야." 그후 얼마 지나지 않아 나는 한국으로 돌아왔는데, 그 말은 지금도 내 마음속 깊이 각인되어 내 삶의 또 다른 지표가 되고 있다.

2003년 2월, 경북대학교 임용이 결정된 후 뉴욕 생활을 정리하면서 나는 또 다른 새로운 시작에 두려움이 앞섰다. 일본이나 미국에서처럼 목표를 달성하고 다음 단계로 옮겨가는 그런 자리가 아닌 만큼, 무척 기쁜 반면 무거운 책임감도 느꼈다. 앞으로 나의 연구능력을 모두 발휘하고 내 지식을 후학에게 전달하겠다고 각오하며, 정말 대구와 경북대학교를 많이 사랑하고 아껴야만 생활에 지치지 않고 열심히 할 수 있겠다는 생각을 했다.

내가 연구하고 교육하는 전공분야는 수의학 가운데 실험동물의학이다. 실험동물의학은 수의학의 연구, 진단, 교육 등의 목적을 위하여 개발되고 유지, 번식, 공급되는 동물인 실험동물을 직접 다루고 보살피는 데 필요한 전문 지식을 개발하는 학문이다. 최근 의학 및 생물학에서의 연구가 획기적으로 진전하여, 지금까지의 실험동물의학을 크게 변화시키고 있다. 예를 들면, 누드마우스를 이용하여 이종세포를 이식하고, 사람이나 가축의 질환모델로 이용될 수 있는 새로운 실험동물종 내지는 돌연변이를 탐색할 뿐만 아니라, 인간의 유전자 기능을 해명하고자 유전자 조작을 한 동물을 이용하여 그 기능을 해명하며, 인간이나 동물의 질환에 관련된 유전자를 발생공학적 기술로 마우스에 적용시켜 소위 GEM(genetically engineered mice)을 생산하는 일들을 상업적으로 수행하고 있다.

이와 같은 과학적 요구가 증대함에 따라 실험동물을 취급하는 방법이 다양화되자, 사회적 환경도 이에 상응하여 실험동물의학을 변모시키고 있다. 즉 실험동물에 대한 인도적 취급을 요구하고, 실험동물들에게 불필요한 고통을 주지 말라고 주장하는 목소리도 높아지고 있다. 따라서 수의학의 지식과 기술을 적용하여(수의학적 관리) 실험동물의 복지증진과 동물실험의 과학화라는 두 가지 목표를 달성하기 위하여 더욱 전문화된 지식이 필요하게 되었다. 수의학에서 실험동물의학은 앞으로도 많은 발전이 기대되며 전망이 매우 밝은 학문이라고 생각된다.

우리 연구실의 연구주제는 성체줄기세포를 이용하여 사람과 같은 질환을 지닌 동물모델 시스템에서 현재 치료방법이 없는 신경퇴행성 질환 및 노인성 치매질환의 세포치료법을 개발하는 것이다. 우선 성체줄기세포를 분리 배양한 후, 그 세포의 능력이 강화되고 생체 내에서 역할을 잘 할 수 있도록 조절한다. 즉 맞춤형 줄기세포를 개발하고, 질환모델 동물에서 그 맞춤형 줄기세포의 효과들을 검증하며, 이 기반 연구결과를 장차 사람의 치료에 응용할 수 있도록 하는 연구들을 수행 중이다. 이 연구는 아직 시작 단계에 불과하여 언제쯤 사람들을 치료하는 데 적용될지 정확히 예측할 수는 없다. 그러나 언젠가는 우리의 기반 연구결과가 값지게 쓰일 날이 반드시 오리라고 기대하며, 연구실 학생들과 함께 열심히 연구하고 있다.

나에게는 이상한 버릇이 있다. 나는 늘 머릿속으로 아주 많은 상상을 하며 미래를 그려본다. 아주 사소한 일부터 내 운명을 바꿀 만큼 큰일들까지, '할 수 있다, 될 수 있다' 라고 긍정적으로 상상한다. 그러면서 내가 상상하는 그 미래의 일들이 꼭 이루어질 것이라는 예감으로 매일매일 노력하고 또 준비한다. 이렇게 생활하다 보니, 지금까지 대부분의 일들이 바라는 대로 이루어졌다. 나는 이러한 행운에 대하여 늘 감사하는 마음으로 산다.

경북대학교에서 지낸 지도 어느새 4년 반이 흘렀다. 돌아보면 지금까지 내내 숨 가쁘게 달려왔고, 그 긴 시간의 흐름조차도 느끼지 못했던 것 같다. 연구하고 또 학생들에게 나의 지식을 전할 수 있는 지금이 나는 너무도 행복하다. 앞으로 또 어떤 일들이 펼쳐질지 모르지만, 나는 여전히 나의 미래를 꿈꾸며 오늘도 노력하고 있다.

황 수 연
Hwang Sue-Yun

한경대학교 생물정보통신대학원 교수

1961년 서울에서 태어나서 서울대학교 생물교육과 동대학원을 졸업하고
미국 럿거스대학교에서 세포발생학으로 박사학위를 받았다. 미국과 독일에서
박사후연구원 생활을 했으며, 1998년 귀국 후 연세대학교 임상의학연구센터
와 가톨릭 의과학원에서 근무했고, 현재는 경기도 안성에 있는 국립한경대학
교에 재직 중이다. 문자로 쓰인 것은 무엇이든 읽기 좋아하고 한 언어를 다른
언어로 바꾸는 일도 재미있어 하는 성격으로, 한국분자세포생물학회의 동서
양 생명과학 관련 명저 보급사업 첫번째 도서인 《유전자의 영혼 *The Spirit
in the Gene*》과 신화와 과학의 영역을 넘나드는 물의 이야기 《물의 신화
Sacred Water》, 그리고 미토콘드리아 DNA 속에 숨겨진 비밀을 단서로 인
류의 기원을 추적한 《인류의 여정 *The Journey of Man*》을 번역했다.

8할의 우연(偶然)

매일 아침 초등학교 2학년이 된 아들을 학교버스에 태우면서 만나는 엄마들은, 아이들의 '슬기로운 생활' 과목에 조금 까다로운 과제가 주어지면 나에게 자문을 구하곤 한다. '슬기로운 생활' 이 말하자면 상급학교의 과학 과목에 해당된다고 생각해서 그런 것 같다. 내가 과학자인 것은 맞지만 생명과학, 그중에서도 내 전공에 속하는 지극히 작은 분야 외에는 정말로 아는 것이 없으면서도, 그동안 나는 꽤나 용감하게 이런저런 도움말을 제공해 왔다.

그런데 얼마 전 전문가(?)로서의 내 신뢰도에 적잖이 흠집이 생긴 사건이 발생했다. 그 전날 아이들이 받아온 학습지에, 초겨울이 되면 나무 허리를 짚단으로 감아주는 이유가 무엇인지를 묻는 문제가 나온 것이다. 주어진 다섯 개의 답 중 엄마들의 선택은 '나무가 얼지 않게 하기 위해서' 와 '해충을 없애기 위해서' 로 반반씩 나뉘어졌고, 나는 당연히 전자가 맞다고 주장했다. 내 말을 전폭적으로 믿은 나머지 어떤 엄마는, 아직 출발 전인 학교버스 창문 너머로 자기 아이한테 7번 문제를 얼른 고치라고 소리치기까지 했다. 다음날 아침 내 체면이 어떻게 되었는지는 따로 설명할 필요가 없을 것이다.

나무 허리에 감아놓은 짚단 속으로 해로운 벌레들이 추위를 피하여 기어들게 했다가 봄이 되면 그것을 태워서 병충해를 막는 심오한 지혜를 나는 왜 들어보질 못했던 것일까! 게다가 굳이 분야를 나누자면, 이것은 물리나 화학이 아닌 생물학의 영역에 속하는 문제인데! 기어들어가는 목소리로 원래 식물 쪽은 잘 모른다고 궁색한 변명을 하는 내 모습이 안쓰러웠던지 한 엄마가 갑자기 이렇게 물었다.

"그런데 어떤 계기로 생물을 공부하게 되셨어요?"

아마 그 엄마는 화제를 다른 곳으로 돌려서 분위기를 바꾸려고 했을 것이다. 그런데 그 자리에서의 그런 질문은 결과적으로 나를 조금 더 곤란하게 만들었을 뿐이다. 왜냐하면 그런 질문에 멋지게 답해줄 수 있는 근사한 '입지담(立志談)'이 내게는 없었기 때문이다.

두 살 터울인 내 동생은 아주 어렸을 때부터 잡지에서 오려낸 아인슈타인의 초상화를 책상 위에 붙여놓고, 늘 자기는 이 다음에 유명한 물리학자가 될 거라고 말하곤 했다. 그리고 그 꿈이 구체화되어가는 과정을 반영하기라도 하듯, 대학생이 된 뒤에는 다분히 추상적인 아인슈타인 대신 입자물리로 노벨상을 탄 하이젠베르크의 사진을 걸기도 했다. 고백하거니와 그토록 확고한 학문적 우상(idol)을 가진 동생에게 나는 언제나 비밀스런 열등감을 느끼곤 했다. 시샘으로라도 퀴리부인의 초상화 같은 걸 내 책상 위에 붙일 생각을 했을 법하지만 그게 또 여의치 않은 상황이었다. 왜냐하면 나는 대학생이 된 뒤에도 어떤 학문을 공부해서 무엇이 되면 좋을지를 확신하지 못했기 때문이다.

어떤 시인은 이렇게 노래했다.

"스물세 해 동안 나를 키운 건 8할이 바람이었다."

많은 사람들이 이 멋진 구절을 변주해서 저마다 8할의 가난과 8할의 부끄러움, 8할의 고독이 자신의 인생에서 가지는 의미를 역설하곤 한다. 남들을 흉내 내는 것이 별로 좋아 보이지 않겠지만 나 역시 이 말에 빗대는 것보다 더 적절한 표현을 찾을 수가 없다.

"내가 생물학을 선택한 것은 8할이 우연(偶然)이었다"라고 말이다. 그래서 학교버스 정거장에서 내게 질문을 한 엄마에게도 나는 같은 대답을 했다. 그리고 이 말을 덧붙였다. 그러나 참으로 감사하게도 그것은 매우 다행한 우연들이었다고.

내가 고등학교에 다니던 시절에는 2학년 때 이과와 문과, 그리고 졸업 후 취업을 준비하기 위한 실업반 중에서 하나를 선택하도록 되어 있었다. 나는 담임선생님을 비롯한 여러 선생님들이 적성검사 결과를 들춰내면서까지 반대했는데도 불구하고 고집을 부려서 이과반으로 갔다. 친한 친구들이 모두 이과반을 선택했고, 게다가 여자가 화학이나 물리 같은 학문을 공부하면 왠지 멋있을 것 같았기 때문이다. 그러나 이 낭만적인 꿈은 내가 수학이나 화학, 그리고 물리에 얼마나 소질이 없는지를 파악하고 난 뒤 곧 깨어지고 말았다.

현실을 제대로 파악한 나는 대학 입시 때 문과 계열에 응시하려고 마음을 바꾸기도 했다. 그러나 해마다 달라지던 당시의 입시 행정은 얄궂게도 내가 예비고사를 치르던 바로 그해, 이과 학생이 문과에 지원할 경우 총점에서 몇 점을 감한다는 새로운 규정을 만들어놓았다! 생각보나 예비고사 점수가 안 나와 잔뜩 겁을 먹었던 지라 그 벌점(?)을 감수하면서까지 모험을 할 용기가 없었다. 결국 울며 겨자 먹기로 나는 자연계열 신입생이 되었다.

기초과목을 주로 배웠던 첫 1년은 그럭저럭 지나갔지만, 그 과정에도 내가 수학이나 물리, 또는 화학을 전공할 재목이 못된다는 사실은 거듭 확인되었다. 돌이켜 보면 선형대수가 너무 재미있어서 일주일 내내 수학 공부만 했으면 좋겠다던 친구, 그리고 어느 과로 진학할지 이미 마음을 정해 놓고 따로 스터디 그룹을 만들어 전공 교과서를 공부하던 동급생들 사이에서 나는 참 많이 불안했었다. 아마도 내가 조금만 더 결단력이 있었다면 재수나 편입을 감행했을 것이다. 그러나 결국 용기를 내지 못하고 지내다가 1학년 말이 되어 전공을 결정할 때, 나는 내게 주어진 옵션 중에서 가장 덜 이과적인 전공, 즉 생물학을 선택했다.

최근에는 생명과학으로 불리는 이 매력적인 학문을 왜 처음부터 우선적으로 고려하지 않았는가 하면, 당시만 해도 유전공학이

본궤도에 오르기 전이라 과학이라는 무대의 스포트라이트는 여전히 물리와 화학에 집중되어 있었고, 게다가 고등학교 입학 후 첫 생물시간에 일어났던 작은 사건으로 인해 나는 생물이 세상에서 세번째 쯤으로 재미없는 학문이라고 생각했기 때문이다.

고등학교 때 왜 그처럼 생물과목을 싫어하게 되었는지를 설명할 때마다 나는 조금 흥분하곤 한다. 첨단 생명공학이 온 국민의 관심사가 된 지금도, 어린 학생들로 하여금 생물학처럼 따분한 학문은 다시없을 거라는 확신을 심어주려면 단 한 시간의 잘못 계획된 수업이면 충분하다고 생각하기 때문이다. 그 첫번째 생물시간에 우리는 그전까지 한 번도 들어보지 못한 DNA와 RNA, 그리고 단백질을 암호화 하는 염기 서열에 대하여 배웠다. 그러나 생물체를 구성하는 세포의 핵 속에 들어있는 유전물질에 의하여 어떻게 단백질의 구조가 결정되는지를 설명하는 소위 '중심원리(central dogma)'가 밑그림으로 먼저 머릿속에 그려지지 않은 상태에서, UUU라는 RNA 분자의 조합이 페닐알라닌이라는 아미노산에 해당된다는 말을 학생들이 어떻게 이해할 수 있었을까?

나중에 알고 보니, 우리는 소위 분자생물학의 핵심 개념들을 포함하여 새롭게 개편된 교과과정의 첫번째 대상이었던 모양이다. 선생님들도 처음 다루는 내용들을 가르치시느라 나름대로 고충이 많으셨을 것이다. 그러나 이유야 어찌되었든 입학하자마자 전혀 이해할 수 없는 수업을 한 시간 내내 듣고 난 뒤에 내가 느꼈던 공포감은 어른이 된 뒤에도 가끔씩 악몽의 소재로 등장했을 만큼 생생한 것이었다. 그러니 그 이후로 내내 생물 과목을 싫어했던 것도 무리가 아니었다.

사정이 이랬으니 막상 생물과로 전공을 결정하고 난 뒤에도 생물학에 대해서 솔직히 별다른 기대나 흥분을 느끼지 못했다. 그러나 나는 바로 그 시점부터 나를 생물학에 홀딱 반하게 만들어줄 우연들이 내 앞에 줄지어 기다리고 있다는 사실도 알지 못했다.

그중 첫번째는 후에 나의 석사과정 지도교수님이 되신 분이 내가 생물과에 들어간 바로 그해에 부임해 오셨던 일이다. 선생님은 우리 2학년들에게 세포학을 가르치셨다. 선생님의 첫번째 강의를 들으면서 나는 여러 해 전 고등학교에 갓 입학했을 때 나를 그렇게도 질리게 했던 DNA와 RNA와 단백질의 이야기가 내 머릿속에서 마치 조각그림이 맞추어지듯 완성된 모양을 만들어 가는 것을 느낄 수 있었다. 이 기분이 얼마나 실감 났는가 하면, 실제로 조각그림 맞추기를 하면서 마지막 한 조각을 제구멍에 끼워 넣을 때 나는 "따악–" 하는 소리를 정말로 들은 것 같은 착각이 들 정도였다.

생명의 기본 단위는 세포이고, 이 세포가 만들어져서 기능을 수행하려면 DNA 속에 저장된 유전 암호가 RNA로 베껴 써 진 뒤에 다시 단백질의 설계도를 만드는 언어로 번역되어야 한다는 것! 나무만 보고 숲을 보지 못했을 때 그렇게 재미가 없던 분자생물학이 제대로 그려진 숲을 배경으로 내 앞에 모습을 드러내는 순간이었다.

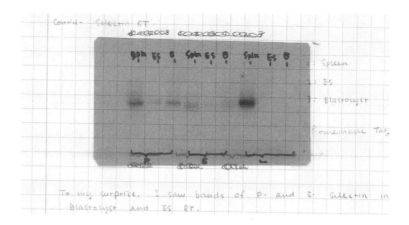

이렇게 생명과학을 보는 눈이 새로워진 뒤에 살펴보니 이것은 그야말로 나를 위하여 만들어진 학문이었다. 우선은 언제나 나를 주눅 들게 하던 수학이나 물리의 공식들과 씨름하지 않아도 되어서 너무나 기뻤다. 생태학 시간에 집단유전을 배울 때만 빼놓고는 말이다. 분류학이나 조직학을 배울 때는 외워야 할 것이 많아서 좀 따분하기도 했지만, 이 과목들은 그림을 많이 그려야 하기 때문에 만화 그리기를 좋아했던 나에게는 또 나름대로 재미가 있었다. 게다가 내가 대학에 다니는 동안 재조합 DNA 기술과 유전공학이 본궤도에 오르면서 생물학의 인기가 급상승했다.

나는 이 무렵에 공부하는 게 너무 재미있어서 방학 때마다 도서관에 박혀서 다음 학기에 배울 교과서를 미리 읽어버리곤 했다. (당시에는 교수님들이 교재를 그다지 자주 바꾸시지 않았기 때문에 가능한 일이었다.) 또 이왕 공부를 하려면 제대로 해야겠다는 생각이 들어서, 학부 졸업논문을 준비할 때도 대부분의 다른 학생들처럼 도서관에서 찾은 논문이나 책을 요약하는 대신, 직접 실험 프로젝트를 수행하겠다는 기특한 결심을 했다. 그래서 4학년 2학기 때 떨리는 마음으로 찾아가 문을 두드렸던 그 실험실에서 결국 석사과정까지 마치게 되었던 것이다.

내게 주어졌던 졸업 과제는 테트라하이메나라는 원생동물의 먹이 선호도를 조사하는 것으로, 지금 돌아보면 무척 단순하고 기초적인 실험이었다. 하지만 이 경험 또한 나로 하여금 생물학을 한층 더 좋아하게 만든 계기가 될 줄 누가 알았을까. 한마디로 말해서 그때 나는 '실험실'이라는 매우 독특한 문화를 처음으로 맛본 거였다.

알고 보면 이 '실험실 문화'라는 것은 여러 면에서 군대 생활과 닮은 점이 많다. 남자들은 모이기만 하면 군대에서 겪은 일을 이야기하고 싶어 하는데, 군대를 경험하지 못한 사람들에게는 이 이야기가 별로 재미없다. 아마도 그 집단에 속해 본 사람만이 이해할 수 있는 무엇인가가 있기 때문이라고 생각되는데, 이것은 실험실도 마찬가지다. 또한 위계질서가 강요되는 다분히 비민주적인 사회라는 점, 한 사람이 잘못하면 구성원 모두가 불이익을 당한다는 점, 그리고 바깥세상에서는 전혀 인기 없는 군것질거리도 이곳에 가져다 놓으면 순식간에 사라진다는 점도 닮았다. 먹는 이야기가 나온 김에 덧붙이자면, 군대에서 철모에 라면을 끓여먹는 것처럼 교수님 몰래 고압 멸균기에 고구마를 쪄먹거나 최고급 에틸알코올로 과일주를 담그면서 느끼던 스릴 또한 실험실 문화의 빼놓을 수 없는 매력 중 하나였다.

그러나 실제로는 괴롭고 힘들 때가 더 많은 것이 현실이다. 선배들은 실험이란 원래 '안 되는 것이 정상'이라는 둥, 한 번에 끝나는 것이 아니고 여러 번 다시 해야 하기 때문에 '리서치(research)'라는 말이 생겼다는 둥 도통한 경지에 다다른 사람들처럼 말했지만, 지루하고 힘든 과정을 몇 번씩 되풀이해도 원하는 결과가 나오지 않을 때의 그 좌절감은 겪어보지 않은 사람은 결코 알 수 없을 것이다. 그러나 무식하면 용감하다고 했던가? 주로 윗사람들의 지도를 따라가기만 하면 되었던 석사과정 동안은 실험하는 게 너무나 재미있기만 하고 내 적성에 딱 맞는 것처럼 느껴졌다. 하지만 박사과정을 밟으면서 스스로 가설을 세우고 실험 프로토콜을 구상해야 하는 상황이 되었을 때는, 내 능력의 한계를 너무나 뼈아프게 실감한 나머지 정말 전공을 잘못 선택했다고 후회한 적도 수없이 많았다. 그런데 과연 무엇이 나로 하여금 그 크고 작은 절망의 웅덩이들을 그럭저럭 건너서 오늘 여기까지 올 수 있게 만들었을까?

그것은 바로 실험 그 자체가 가지고 있는 마약과도 같은 묘한 중독성 때문이다. 예를 들면 자동 인화기 앞에서 가슴을 졸이며 기다리다가, 떨리는 손으로 주워든 X-레이 필름에 몹시도 고대하던 결과가 그림처럼 깨끗하고 선명하게 나타나 있는 것을 발견했을 때의 그 기분! 이 유포리아(euphoria)를 한번 느껴 보고 나면 이후로 스무 번쯤 실패만 거듭할지라도 그만두고 싶다는 생각보다 한 번 더 해보겠다는 오기가 강렬하게 작용할 정도이다. 실제로 생명과학의 역사에서 얼마나 많은 위대한 발견들이 이처럼 반복된 시도 끝에 이루어졌을 것인가? 부끄럽게도 내가 이제까지 얻은 실험 결과들 중에 '위대한 발견'이라고 부를 만한 것은 없다. 그러나 내 나름대로 오랫동안 애써오던 실험에 성공했을 때 심장 가득 차오르던 성취감은 교과서에 이름이 나오는 과학자들이 그들의 위대한 실험 결과를 얻었을 때만큼이나 큰 것이었다. 그리고 보잘것없는 나의 발견들 또한 어쩌면 생명공학의 발전을 위해서 점묘파 화가의 거대한 작품 한구석에 찍힌 작은 점 정도의 역할은 했을지도 모른다.

여기서 문득 이런 생각을 해본다. 만일 누군가가 고등학교 시절의 나에게, 이제까지 내가 쓴 이야기들을 잘 정리해 들려주면서 앞으로 생물을 공부해 보는 게 어떠냐고 물었다면 나는 뭐라고 했을까? 당시의 내 심정을 기억해 보건대 아마도 고개를 저었을 확률이 높다. 그런데 지금 나는 강단에서 생명과학을 가르치고 실험실에서 세포학을 연구하고 있다. 그러고 보니 대학 2학년 이후 나의 진로에 영향을 미쳐 온 우연의 비중이 사실은 8할보다 훨씬 컸을지도 모르겠다는 생각이 든다.

참으로 다행스럽고 또 감사한 우연들이었다.

강영희 Kang Young-Hee　　　　진주여고를 나와서 서울대학교 가정대학 식품영양학과를 졸업하고 1981년 여름 미국 유학을 떠났다. 뉴저지 주립대학교인 럿거스대학교에서 박사학위를 받고, 미국 국방부 산하 의과대학에서 박사후연구원을 지낸 후 거의 10년간의 미국생활을 접고 1990년 한국으로 돌아와 지금까지 한림대학교 식품영양학과 교수로 재직하고 있다. 미국 드렉셀대학교에서 석사과정을 마친 후, 필라델피아의 폭스 체이스 암센터에서 연구원을 지냈다. 럿거스대학교에서 박사과정을 하는 동안 뉴욕에 있는 알베르트 아인슈타인 병원에서 연구원을 겸임하면서 학생연수생으로 연구하였다. 1995년 여름에는 독일연구재단의 후원으로 독일 뮌헨대학교 의과대학 임상연구소에서 1년간 연구 활동을 하였다. 한림대학교 일송논문상을 수상하였고, 2004년에는 한국과학재단 우수성과 30선을 수상하였다. 현재 한국영양학회 영문학술지 편집장을 맡고 있으며, 한림대학교 영양연구소 소장과 Brain Korea 21 핵심팀장을 맡고 있다. 운동이라면 조금씩은 다하는 편이지만, 특히 스킨스쿠버와 검도 등 역동적인 운동을 좋아하며 거의 매일 새벽 테니스를 치고 있다.

김계령 Kim Kye-Ryung　　　　1988년 경북대학교 전자공학과를 졸업하고 동대학원에서 1998년 〈플라즈마 이온온도 측정을 위한 중성입자검출장치의 제작 및 그 특성〉의 논문으로 박사학위를 받았으며, 같은 해부터 1999년까지 한국원자력연구소에서 박사후연구원 과정을 거친 후 2000년 1월 선임연구원으로 입소하였다. 현재 한국원자력연구소 양성자기반공학기술개발사업단의 빔이용 및 장치응용팀장을 맡고 있다.

김금순 Kim Keum-Soon　서울대학교 간호대학을 졸업하고 동대학원에서 간호학 석사와 박사학위를 취득했다. 서울대학병원에서 간호사로 근무한 후 조선대학교 간호학과를 거쳐 서울대학교 간호대학에서 기본간호학과 성인간호학을 가르치고 있다. 기본간호학회장과 한국재활간호학회회장을 역임했으며 현재 한국간호과학회회장으로 활동하고 있다. 주요 연구 영역은 간호학적 스트레스 관리로, 간호계에서 처음으로 바이오피드백 훈련을 이용한 스트레스 관리를 도입하여 다양한 대상자에게 적용하는 연구를 꾸준히 계속하고 있다. 지금까지 130여 편 이상의 논문을 발표했고, 저술도 20여 권을 넘어서고 있다.

김미숙 Kim Mi-Sook　1964년 대구에서 태어나 신명여고를 졸업하고, 1982년 서울대학교 의과대학 입학을 계기로 현재까지 서울 하늘 아래서 살고 있다. 1989년 본과를 졸업하고 서울대학병원에서 인턴과 레지던트 과정을 마친 후 방사선종양학 전문의 자격증을 취득하였으며, 1994년 원자력의학원에 부임하여 현재까지 근무하고 있다. 2000년 11월부터 2002년 8월까지 미국 UCLA병원에서 연수를 하였으며, 이후 선진 치료기기인 사이버나이프의 활용도를 높이고 기술 축적에 많은 노력을 기울였다. 그 결과 세계적인 치료 성과와 기술 축적으로 여러 차례 수상하였고, 외국의사를 포함한 전문가를 대상으로 세미나에서 발표한 바 있다. 현재 원자력의학원 방사선종양학과 과장을 수행하고 있으며, 동 분야에 대해 석사, 박사학위를 취득하였다. 남편과 고등학교, 초등학교에 다니는 아들 두 명이 있다.

김서령 Kim Suh-Ryung　1982년 서울대학교 사범대학 수학교육과를 졸업하고 수도여고에서 1년 반 동안 교사 생활을 하다가 유학을 떠났다. 1988년에 럿거스대학교에서 박사학위를 받고 교수 생활을 하던 중 1994년 귀국하여 경희대학교 수학과 교수로 재직했으며, 2004년부터 서울대학교 수학교육과 교수로 재직하고 있다. 세계적으로 저명한 그래프 이론학자이며 미국의 유수한 연구기관 DIMACS의 소장으로 박사논문 지도교수였던 프레드 로버츠 교수와 학위를 받은 후에도 지속적으로 공동

연구를 수행하였으며, 그 외에도 미국의 저명한 그래프 이론 학자들과 활발한 공동연구를 진행하여 왔다. 1996년 이후에는 SRC인 포항공대 전산수학센터의 연구교수를 겸임하면서 국내 그래프 이론 학자들과도 공동연구를 하였다. 지금까지 SCI급 등재 학술지에 발표한 20편의 논문과 SSCI 등재 학술지에 발표한 1편의 논문을 포함하여 국내외 저명 심사제 학술지에 총 39편의 논문을 발표하였다.

김혜영 Kim Hae-Young　　　　1984년 이화여자대학교 식품영양학과를 졸업하고 동 대학원에서 식품학전공으로 석사학위를 취득하였으며, 1990년 미국 캔자스주립대학교에서 식품학전공으로 박사학위를 취득하였다. 뉴욕 맨해튼에 있는 뉴욕시립건강연구소(PHRI)에서 박사후연구원으로 활동하였으며, 이화여자대학교, 서울여자대학교, 상명대학교 등에 출강하였다. 1996년부터 현재까지 용인대학교 식품영양학과 교수로서 식품조리와 관능검사 및 단체급식 과목을 담당하고 있다. 국내외에 다수의 연구논문을 게재하였고, 무지방케이크 개발, 오미자식혜를 이용한 스포츠음료 개발, 저염 된장을 이용한 스프레드 개발 등에 대한 특허를 가지고 있으며, 국내 유명 산업체와 식품 저장, 개발, 평가에 관한 공동연구를 활발히 하고 있다. 한국조리과학회 및 한국식생활문화학회 등 여러 학회에서도 활발하게 활동하고 있으며, 저서로는《식품조리과학》,《식품품질평가》,《한국음식개론》,《푸드코디네이션개론》 등이 있다.

남윤순 Nam Yun-sun　　　　이화여자대학교 수학과를 졸업하고 동대학원에서 대수학 전공으로 석사학위를 취득한 후 캐나다 브리티시 컬럼비아대학교 응용수학과에서 그래프론으로 박사학위를 취득하였다. 현재 삼성종합기술원에서 생명정보학 분야 연구를 하고 있다.

문애리 Moon A-Ree　　　　1983년 서울대학교 약학대학 약학과를 수석으로 졸업한 후 1989년 미국 아이오와 주립대학교 생화학과에서 박사학위를 받았다. 생명공학연구원 위촉선임연구원과 식품의약품안전청 국립독성연구원 연구관으로 재직했으며, 1995년 덕성여자대학교 약학대학 교수로 부임하여 2005년부터 약학대학 학장을 역임하고 있다. 주된 연구주제는 유방암 전이기전 연구이며, 2005년에 '유방암 전이제어를 위한 바이오신약 타깃발굴 연구'로 최우수실험실에 선정되었다. 대한약학회, 한국생화학분자생물학회, 한국독성학회, 한국응용약물학회 등의 임원을 맡고 있고, 중앙약사심의위원회 위원, 학술진흥재단 학술연구심사평가위원 등에 위촉되었다. 또 국외저널 *Journal of Molecular Signaling*의 편집자로도 활동하고 있다. 2001년 동성제약 이선규 약학상, 2004년 한국과학기술단체총연합회 과학기술우수논문상, 2004년 로레알-유네스코 여성생명과학상을 수상한 바 있다. 취미 생활로 요가와 헬스를 하고 있다.

문정림 Moon Jeong-Lim   1986년 가톨릭대학교 의과대학을 졸업하고, 1992년 의학박사학위를 취득하였다. 1991년 이후 가톨릭의대 교수직에 있으며, 현재 가톨릭의대 재활의학교실 교수로 재직하고 있다. 1998년 하버드의과대학 부속 재활병원 및 소아병원에서 소아재활을 연수하였고, 소아재활 분야에서 진료 및 교육, 연구를 담당하고 있다. 특히 뇌성마비를 비롯한 운동발달 장애 및 다운증후군을 비롯한 정신지체와 언어발달 장애 등 다양한 발달 장애 아동의 조기진단 및 재활치료와 연관된 교육, 진료, 연구를 하고 있다. 주요 연구실적으로는 〈뇌성마비에서 뇌손상의 시기와 원인 추정〉 등 소아재활 분야 중심의 논문 50여 편이 있다. 소아재활학회 활동과 함께 서울시의사회 학술이사, 한국여자의사회 공보차장, 대한재활의학회 홍보위원 등 대외활동을 해왔으며, 2006년 대한의사협회 유공회원 표창을 받았다.

박매자 Park Mae-Ja   1985년 경북대학교 의과대학을 졸업하고 동대학원에서 1990년에 '고립로핵(nucleus tractus solitarius)에서 신경전달물질의 분포 및 이들 물질 함유 신경세포의 형태학적 특징'에 관한 연구로 박사학위를 받고, 모교의 교수가 되었다. 1991년부터 2년간 텍사스 주립의과대학의 해양생물의학연구소에서 신경해부학 분야의 박사후연구원 과정을 거쳤고, 이후 약 7년간 스웨덴 카롤린스카 연구소와 스페인의 알칼라 데 에나레스 대학교에서 전자현미경을 이용하여 신경경로에 관한 연구를 하였다. 1997년 미국 국립암연구소에서 *Xenopus laevis*를 이용한 척추동물의 초기발생 기전에 대한 연구로 연구주제를 바꾸면서 1999년에는 일본의 니가타대학에서 조교수로 근무하였다. 이후 지금까지 척추동물의 내배엽 형성 기전에 관하여 연구하고 있다. 2004년 대구경북여성과학기술인회 창립회원으로 참가한 후, 과학문화 확산사업에도 관심을 갖고 활동하고 있다.

백은경 Paik Eun-Kyoung　　　　　이화여자대학교 전자계산학과(현 컴퓨터공학과)를 졸업하고 동대학원에서 이학 석사학위를 받았다. 졸업 후 KT 연구소에서 멀티미디어 통신 관련 연구를 하고 있으며, 서울대학교 컴퓨터공학부에서 박사학위를 받았다. 미국 IBM 왓슨연구소 방문 연구, 일본 게이오대학교의 WIDE 프로젝트 방문 연구 등 국제기관과 협력 활동을 하였으며, 프랑스 ENST에 초대되어 공동 연구 및 강의를 하였다. 현재 한국정보통신기술협회(TTA) IPv6 프로젝트 그룹(PG 210)의 부의장 및 동 그룹 산하 IPv6 over WiBro 워킹 그룹(WG2103)의 공동 의장 활동, IPv6 포럼 코리아 이동성 워킹 그룹 의장 활동을 통하여, 국내 IPv6 이동성 연구 활성화 및 국내외 표준화에 기여하고 있다. 2005년 정보통신부가 주최하는 제1회 정보통신 표준화 우수논문 공모전에서 일반 부문 최우수상을 수상하였다.

서은경 Suh Eun-Kyung　　　　　1980년 서울대학교 물리교육과를 졸업하고 1982년 서울대학교 대학원 물리학과에서 석사학위를 한 후 1988년 미국 퍼듀대학교에서 반도체물리학 연구를 하여 박사학위를 받았다. 미국에서 박사후연구원을 하다가 1989년 전북대학교 물리학과에 임용되어 2002년까지 물리학과 교수로 재직하였다. 2002년 반도체과학기술학과를 신설하여 학과장을 하면서 우수학생 유치와 교과과정 개발을 하고 있으며, 1990년부터 반도체물성연구소 핵심연구원으로서 반도체 나노구조의 광학적 · 구조적 · 전기적 특성 연구를 수행하였다. 2004년 질화물 반도체의 물성과 광소자 응용연구 결과를 인정받아 올해의 여성과학기술자상을 수상했으며, 현재 반도체물성연구소장으로서 전북대학교 반도체공정연구센터 구축과 차세대 반도체의 환경 · 의료응용연구를 수행하고 있다.

손숙미 Son Sook-Mee　　　　　1977년 서울대학교 가정대학 식품영양학과를 졸업하고 동대학원에서 영양학 전공으로 1979년 석사학위를 받았다. 1981년에 미국 노스캐롤라이나대학교 대학원에 진학하여 2년 반 만에 박사학위를 취득했다. 1989년 미국 텍사스대학교 의과대학에서 연구교수 생활을 했으며, 한국에 돌아와 성심여자대학교 교수로 재직하다가 가톨릭대학교 의과대학과 병합되면서 1995년부터 가톨릭대학교 식품영양학과 교수로 재임하고 있다. 2000년에는 미국 코넬대학교 초청으로 방문교수로 재직하면서 여러 프로젝트에도 참여하였다. 대한지역사회영양학회 편집이사와 총무를 거쳐 현재 부회장으로서 여러 임원들과 함께 지역사회 주민들의 영양건강 증진을 위해 노력하고 있으며, 대한영양사협회 부회장으로서 영양사의 지위향상과 권익을 위해서도 애쓰고 있다. 또한 종합유선방송위원회와 한국광고자율심의기구 등의 심의위원으로 활동하였으며, 현재는 보건복지부의 소금감량섭취사업의 TF팀으로 활동하고 있고, 건강기능성식품심의위원회 심의위원과 식품위생심의위원회 위원으로도 활약하고 있다.

이소영 Lee So-Young　　　　　경북대학교 전자공학과를 졸업한 후 동대학원 광소자/광통신 분야에서 박사학위를 받았으며, 현재 경북대학교 겸임 조교수로서 후학들을 양성하고 있다. 또한 동대학원에서 의용생체공학 석사과정을 밟으며 IT/BT 융합을 위한 추가 연구에 몰두하고 있다. 2003년 1월 광통신 분야의 제조회사를 창업해 (주)싸이버트론의 대표이사직을 역임하였으며, 지금은 (주)싸이버트론의 기술자문 역할과 한국여성IT기업인협회 상근 부회장직을 맡아 여러 임원들과 함께 취약한 여성 IT 분야의 진출과 발전을 위한 다양한 방법을 모색하고 있다. 또한 2006년 8월부터 서울시 교수 학습센터와 함께 차세대 IT 글로벌 인재 양성을 위한 1차 시범교육을 토대로 차세대 IT 교육의 새로운 방안을 찾고자 노력중이다. 책읽기와 영화감상을 좋아하고, 새벽녘 안개비 오는 바닷가를 걸으며 생각을 다지는 것을 일상의 작은 위안으로 삼고 있다.

이소우 Lee So-Woo　　　　　서울대학교 간호대학을 졸업하고 미국 보스턴대학교에서 정신간호학으로 간호학 석사학위를, 1982년 연세대학교 대학원에서 이학박사 학위를 받았다. 1964년 이후 서울대학교 병원 간호사를 거쳐 현재 간호대학 교수로 재직하고 있다. 1991년 미국 시애틀에 있는 워싱턴대학교 스트레스증상관리센터에서 1년간 박사후연구원으로 바이오피드백을 이용한 스트레스 증상 완화에 관한 연구를 하였고, 1995년 바이오피드백에 관한 연구로 과학기술 우수논문상을 수상했다.

이영란 Lee Young-Ran　　　　　한양대학교 교통공학과를 졸업하고 서울특별시버스운송사업조합을 거쳐, 현재는 (주)청석엔지니어링에서 주임으로 근무하고 있다. 새로운 분야에 대한 강한 호기심과 끊임없는 발전을 위해 성균관대학교 경영대학원에서 경영학 석사를 받았으며, 한국여성공학기술인협회 회원으로 활동하면서 여성공학인으로서 후배들에게 먼저 경험한 사회를 보여주고 그들이 진로를 정하는 데 도움을 줄 수 있도록 특강과 자문위원 등의 역할을 담당하고 있다. 새로운 것을 접하고 배울 때 가장 신이 난다는 그녀는 이른 아침 수영과 중국어를 통해 오늘도 선물로 받은 하루를 즐겁게 시작하고 있다.

이윤희 Lee Yun-Hi 　　1963년 2월 28일 강원도 인제에서 출생하여, 1985년 고려대학교 물리학과를 수석으로 졸업하고 동대학원에서 고체물리실험 전공으로 석사와 박사 학위를 받았다. 1987년부터 2002년까지 한국과학기술연구원(KIST) 정보재료소 자연구센터에서 책임연구원으로 근무하였으며, 2002년 9월부터 모교인 고려대학교 물리학과의 교수로 재직하고 있다. KIST 재직 시절에 탄소나노튜브 소자 기술로서 과학기술부 국가지정연구실(NRL)에 선정되었으며, 2006년 나노트랜지스터 국가지정연구실로 다시 선정되는 영예를 안았다. 90여 편의 해외 SCI 논문을 발표하여 미국과 일본에서 두 번의 논문상을 수상하였고, 국내 학회에서 각각 학술상과 논문상을 수상하였다. 25건의 국내외 특허등록과 2권의 역서와 저서가 있다.

이은옥 Lee Eun-Ok 　　서울대학교 간호대학 간호학과를 졸업한 후 서울대병원 간호사와 서울대학교 조교 생활을 하다가 뉴욕의 차이나 메디컬 보드 재단의 지원으로 1967년 미국 인디애나대학교로 유학을 떠났다. 인디애나대학교에서 석사학위를 받은 후 서울대학교 간호대학에서 학생들을 가르쳤고, 1979년 캐나다 IDRC의 지원을 받아 다시 같은 대학에서 박사학위를 받았으며, 지금까지 40여 년간 서울대학교 간호대학 교수로 재직하고 있다. 박사과정 동안 연구조교로 일하면서 학생들을 지도하는 경험을 축적하였고, 1987년에는 노스캐롤라이나대학교에서 연구활동을 했다. 과학기술단체총연합회의 과학기술 우수논문상과 Cancer Public Education Grant Award (Oncology Nursing Foundation)를 수상했으며, 2002년에는 한국과학재단 우수여성과학자로 '암환자 증상관리 가이드라인 개발' 연구를 실시하였다. 대한종양간호학회 회장과 대한근관절건강학회 회장을 역임했고, 자신이 류머티즘성 관절염으로 오랜 기간 고생하면서 이런 환자들에게 효과가 있는 관절염 타이치를 배워 다른 환자들에게 보급하는 일에 역점을 두어 왔다. 정년이 6개월밖에 남지 않은 지금은 모든 활동을 정리하고 있다.

이주영 Lee Joo-Young   1992년 서울대학교 약학대학 약학과를 졸업하고, 동대학원에서 석사와 박사 학위를 받았다. 서울대학교 신의약품개발연구센터 연구원, 미국 루이지애나 주립대학의 페닝턴 생물의학연구센터 전임강사를 거쳐 미국 데이비스의 캘리포니아 주립대학교에서 교수 생활을 하였다. 2005년 한국으로 돌아와 현재 광주과학기술원 생명과학과 교수로 재직하고 있다.

이향숙 Lee Hyang-Sook   1986년 이화여자대학교 자연과학대학 수학과를 졸업하고, 1988년 동대학원에서 석사학위를 받았다. 1994년 미국 노스웨스턴대학교에서 대수위상수학 분야로 박사학위를 취득한 후 1995년부터 이화여자대학교 수학과에서 교수로 재직하고 있다. 2002년 미국 어바나-샴페인에 있는 일리노이 주립대학에서 연구년을 보내며 암호학 분야에 관심을 갖고 연구를 하면서부터 지금까지 타원곡선 암호 및 겹선형 함수 기반 암호 등 공개키 암호에 대한 연구를 하고 있다. 현재 한국여성수리과학회, 한국정보보호학회, 아시아교육봉사회 이사 및 한국여성과학기술단체총연합회 학술위원장, 전국여성과학기술인지원센터(WIST) 기획위원, 과학과 국회의 만남 프로그램의 과학기술정책자문위원 등으로 활동하고 있다.

이효지 Lee Hyo-Gee   1962년 숙명여자대학교를 졸업하고 중앙대학교에서 이학박사 학위를 받았다(1985). 1972년부터 2005년 8월까지 한양대학교 교수로 재직하다가 정년퇴임하면서 대한민국 정부로부터 녹조4등급 훈장을 받았다. 현재 한양대학교 명예교수이면서 문화재청 문화재전문위원이며, 그동안 한양대학교 생활과학대학장, 한국생활과학연구소 소장, 한국조리과학회 회장을 역임하였다. 교수로 재직하면서 미원재단, 아산재단, 문화관광부, 한국문화콘텐츠진흥원, 산학협동재단 등에서 연구비 지원을 받아 연구하였고, 우수 저술상, 최우수 교수상, 제12회 과학기술 우수 논문상을 수상하였다. 서울특별시, 문교부, 문화관광부, 농림부, 농촌진흥청, 문화재청 등의 심의위원, 평가위원, 심사위원 등으로 봉사하였고, 요즈음은 걷기와 요가를 하면서 음악을 듣고 읽고 싶은 책을 읽으며 손자, 손녀의 재롱을 보면서 재미있게 지내고 있다.

정광화 Chung Kwang-Hwa   서울대학교 물리학과를 졸업하고 미국 피츠버그

대학에서 물리학 박사를 취득한 뒤 1978년 한국표준과학연구원에 해외 유치과학자로 들어왔다. 이후 진공기술전문가로 질량표준연구실장, 압력진공연구실장, 진공기술센터장, 물리표준부장 등을 역임하는 등 진공기술 전문가로 진공표준 확립에 기여해 왔다. 대외활동으로는 국가과학기술위원회 민간위원, 대한여성과학기술인회 회장, 한국물리학회 이사 등을 역임했으며, 현재 한국진공학회장, 국가과학기술자문위원회 자문위원 등으로 활동하고 있다.

진희경 Jin Hee-Kyung　　　　1993년 강원대학교 수의학부를 졸업한 후 동대학원에서 수의학 석사를 취득했다. 일본 홋카이도대학교 수의학과에서 수의학박사를 취득했으며, 2000년부터 2003년까지 미국 마운트 사이나이 의과대학교의 박사후연구원을 거쳐 현재 경북대학교 수의과대학 수의학과 조교수로 재직하고 있다. 현재 일본 이화학연구소(RIKEN)의 뇌과학연구소 객원연구원, 영국 런던대학교 로열프리의과대학 객원연구원으로도 활동하고 있다.

황수연 Hwang Sue-Yun　　　　1961년 서울에서 태어나서 서울대학교 생물교육과와 동대학원을 졸업하고 미국 럿거스대학교에서 세포발생학으로 박사학위를 받았다. 미국과 독일에서 박사후연구원 생활을 했으며, 1998년 귀국 후 연세대학교 임상의학연구센터와 가톨릭 의과학원에서 근무했고, 현재는 경기도 안성에 있는 국립한경대학교에 재직 중이다. 문자로 쓰인 것은 무엇이든 읽기 좋아하고 한 언어를 다른 언어로 바꾸는 일도 재미있어 하는 성격으로, 한국분자세포생물학회의 동서양 생명과학 관련 명저 보급사업 첫번째 도서인 《유전자의 영혼 *The Spirit in the Gene*》과 신화와 과학의 영역을 넘나드는 물의 이야기 《물의 신화 *Sacred Water*》, 그리고 미토콘드리아 DNA 속에 숨겨진 비밀을 단서로 인류의 기원을 추적한 《인류의 여정 *The Journey of Man*》을 번역했다.

이 도서는 한국과학문화재단에서 시행하는 과학문화지원사업의 지원을 받아 출판되었습니다.

여성,
과학의 중심에 서다

초판 찍은 날 2006년 11월 10일   **초판 펴낸 날** 2006년 11월 17일

편저 한국여성과학기술단체총연합회
펴낸이 변동호 | **출판실장** 옥두석 | **책임편집** 이선미 | **디자인** 김혜영 | **마케팅** 김현중 | **관리** 이경아

펴낸곳 (주)양문 | **주소** (110-260) 서울시 종로구 가회동 170-12 자미원빌딩 2층
전화 02.742-2563~2565 | **팩스** 02.742-2566 | **이메일** ymbook@empal.com
출판등록 1996년 8월 17일(제1-1975호)
ISBN **89-87203-81-6 03400**   잘못된 책은 교환해 드립니다.